>>> >

21 世纪普通高等教育系列教材

# 材料力学实验指导 >>> >

陈　余　编
姜爱峰　审

机械工业出版社

本书根据高等学校材料力学实验课程教学基本要求，结合内蒙古工业大学力学实验教学示范中心（内蒙古自治区级实验教学示范中心）多年来面向全校工科专业开设本科课程的实践教学经验，在原有自编教材基础上编写而成。全书包括绪论、误差分析和实验数据处理、实验项目、实验报告四大部分。本书的主要特色有：（1）开发了配套的仿真实验软件，独立使用仿真软件可完成线上实验教学，也可在实验室进行虚拟实验教学，还可以与实验仪器配合进行混合式实验教学；（2）实验内容全面，包括基础性实验和综合性实验。

本书可用作力学专业本科生独立设课的材料力学实验课程教材，也可作为土木、材料、测控、采矿、交通、纺织等工科专业的材料力学课程课内实验教材，同时可供工程技术人员参考。

## 图书在版编目（CIP）数据

材料力学实验指导/陈余编. —北京：机械工业出版社，2023.1（2024.1重印）
21世纪普通高等教育系列教材
ISBN 978-7-111-71878-9

Ⅰ.①材… Ⅱ.①陈… Ⅲ.①材料力学-实验-高等学校-教材
Ⅳ.①TB301-33

中国版本图书馆 CIP 数据核字（2022）第 196233 号

机械工业出版社（北京市百万庄大街 22 号 邮政编码 100037）
策划编辑：张金奎　　　　　　责任编辑：张金奎
责任校对：郑　婕　王明欣　封面设计：张　静
责任印制：邹　敏
北京富资园科技发展有限公司印刷
2024 年 1 月第 1 版第 2 次印刷
169mm×239mm·9 印张·134 千字
标准书号：ISBN 978-7-111-71878-9
定价：29.00 元

电话服务　　　　　　　　　　网络服务
客服电话：010-88361066　　　机 工 官 网：www.cmpbook.com
　　　　　010-88379833　　　机 工 官 博：weibo.com/cmp1952
　　　　　010-68326294　　　金 书 网：www.golden-book.com
封底无防伪标均为盗版　　　　机工教育服务网：www.cmpedu.com

# 前　言

　　本书是在内蒙古工业大学力学系自编教材《材料力学实验指导》的基础上经过修改、更新而成的。实验内容根据内蒙古工业大学力学系开设的实验课程与实验室仪器设备编写。

　　全书设计了十一个实验项目，其中"应变片粘贴技术"按照 4 学时设计，其余实验项目按照 2 学时设计。本书所涉及的实验项目是内蒙古工业大学工程力学专业本科生的必修实验项目，由于其他专业的材料力学实验课时少，可有针对性地选择相关实验。鉴于线上-线下混合式教学模式的发展，全书除了"应变片粘贴技术"实验项目之外，其余实验项目均开发了用于线上实验教学的配套仿真软件。在实验教学中可以独立使用仿真软件完成线上实验教学，也可在实验室进行虚拟实验教学，还可以与实验仪器配合进行混合式实验教学。仿真软件可在实验室进行，也可在任何其他地方进行，不受实验环境的限制。

　　在本书编写过程中，内蒙古工业大学理学院力学系全体教师提出了宝贵的意见。本书由内蒙古工业大学理学院力学系姜爱峰审稿。

　　由于编者水平有限，书中难免有错误和欠妥之处，请广大读者批评指正。

编　者

# 目　　录

# 第一篇 绪 论

## 一、材料力学实验在材料力学课程中的地位

材料力学实验是材料力学课程的重要组成部分。材料力学理论的建立离不开实验，许多新理论的建立也要靠实验来验证。在实际工程应用中，现有的理论公式并不能解决所有的问题，因为实际工程中构件的几何形状与载荷都非常复杂，仅仅靠理论计算，难以得到构件中应力、应变的准确数据，需要借助实验分析的方法才能得到可靠的数据。应用材料力学理论解决工程设计中的强度、刚度和稳定性问题时，需要知道材料的力学性能和表达材料力学性能的材料常数，而这些数据只有靠力学实验才能得到。正是理论和实验的结合推动了材料力学不断发展。

## 二、实验项目

根据材料力学课程，本书设计了 11 个实验项目，共 24 学时，实验项目分为四个大类。

**1. 掌握实验技术的实验**

该部分实验的主要目的在于通过实验掌握相关的理论原理与操作技术。包括电阻应变测量技术实验和应变片粘贴技术实验。

**2. 验证性实验**

该部分实验的目的在于验证理论公式，包括验证弯曲正应力公式实验、弯曲变形实验、压杆稳定实验、静不定梁实验、动荷挠度实验。

**3. 测定材料力学性能的实验**

该部分实验的目的在于对材料的基本力学性能进行测定。包括轴向拉伸与压缩实验、扭转实验，通过实验来测量材料的弹性模量、强度等基本力学参数。要求学生在进行这些实验后，能够通过对基本力学参数的测定、对材料变形及破坏现象的观察来分析研究材料的力学性质，掌握测试材料基本力学性能的原理和方法。

**4. 综合性实验**

该部分实验的目的在于通过对实验数据的综合分析，培养解决复杂问题的

能力，包括偏心压缩实验、平面应力状态测量实验。

## 三、仿真实验

针对本书中的实验项目，设计了一款配套的仿真实验软件"材料力学实验仿真软件"，如图 1-1 所示，由图可见，除了应变片粘贴技术实验以外，其余 10 个实验项目均有对应的仿真软件，点击主界面上的实验项目，即可进入相应的仿真实验界面。

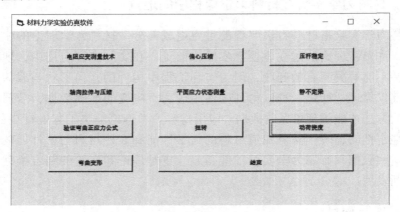

图 1-1　材料力学实验仿真软件主界面

软件在使用时，无须安装，将"材料力学实验仿真软件.zip"解压即可运行，解压后文件夹里包含"材料力学实验仿真软件.exe"文件和"图片"文件夹，使用时需要将"材料力学实验仿真软件.exe"文件和"图片"文件夹放置于同一个文件目录下，如果没有放置在同一个文件目录下，软件会因为调用图片失败而停止运行。

仿真软件在设计时利用随机数设置了适量的随机误差，以达到模拟真实实验的效果，在教学使用时可以与实体实验一样，进行多次仿真，获得多组实验数据，要求学生观察多组数据的精密度，求解其算术平均值、标准误差，提升学生对随机误差的理解和分析能力。

## 四、实验须知

为了实验能够顺利进行，达到预期的实验目的，应注意以下事项：

（1）实验前，必须认真预习相关理论知识，了解本次实验的目的、所使用仪器的基本原理和操作规程，明确实验内容和实验步骤。

（2）按照课表指定时间进入实验室，完成相应的实验项目。

（3）进入实验室，严格遵守实验室规章制度，遵守仪器的操作规程，未经指导教师同意不得动用与本实验无关的仪器设备。

（4）实验时要严肃认真，相互配合，密切观察实验现象，认真、完整、真实地记录实验原始数据。

（5）实验完成后，在规定时间内，每人提交一份实验报告，实验报告要整齐规范，独立完成。

# 第二篇 误差分析和实验数据处理

任何实验都离不开对物理量的测量与分析，受测试设备、测试方法、测试环境以及测试人员技术水平等因素的影响，测量结果与物理量真实结果之间必然存在差异，该差异称作测试误差。设计实验方案，选择实验仪器设备，确定实验方法和操作步骤以及对测量的数据进行分析与处理，都需要误差分析和数据处理方法的基本知识。本章将对材料力学实验中用到的误差分析和数据处理的基本理论进行简单介绍。

## 第一节 误差分析中的基本概念

### 一、测量的分类

测量是根据相关理论，用专门的仪器和设备，通过实验和必要的数据处理，求得被测量物理量值的过程，其本质就是为了获得被测量对象的值而进行的实验过程，这个过程可能是极其复杂的实验过程，也可能是一个很简单的实验过程。对物理量的测量，是材料力学实验过程中的一个重要环节，对同一个被测量的物理量，可能具有多种不同的测量方法，需要做出选择，选择正确与否直接关系到测量工作是否能够正常进行，是否符合规定的技术要求。因此，必须根据不同的测量任务要求，制定出切实可行的测量方法，然后根据测量方法选择合适的测量工具，组成测量系统进行实际测量。如果测量方法不合理，即便是有高精密的测量仪器和设备，也得不到理想的测量结果。

**1. 根据是否能够直接测量出被测量来分类**

（1）直接测量：将未知的物理量与一个具有相同性质的标准物理量相比较，看未知量是标准物理量的多少倍，从而确定未知量的数量，该数量的大小依赖于标准物理量的选取，通常称标准物理量为未知物理量的单位。例如，用万用表测量电压、电流和电阻，用游标卡尺或螺旋测微器测量物体的直径，用温度计测量物体的温度等。

（2）间接测量：未知的物理量不能直接用标准物理量去度量，但它与某些可以直接测量的物理量之间存在着确定的函数关系，那么就可以通过对能够直接测量的物理量进行测量，借助于物理量之间的函数关系计算出未知物理量。例如，测量材料的弹性模量（杨氏模量）、测量物体表面的应力状态等。

**2. 根据测量时是否与标准件进行比较来分类**

（1）绝对测量：指测量时被测量的绝对数值由计量器具的显示系统直接读出。

（2）相对测量：也称作比较测量，测量时先用标准件调整计量器具的零位置，再由标尺读出被测量相对于标准件的偏差，被测量的数值等于此偏差与标准件量值之和。

**3. 根据测量时工件被测表面与测量器具是否有机械接触来分类**

（1）接触测量：指测量器具的测头与工件被测表面有机械接触。

（2）非接触测量：指测量器具的测头与工件被测表面没有机械接触。

接触测量对被测物体表面上的油污、灰尘等杂质不敏感，但是由于测量接触力的存在，会引起被测表面和测量器具的变形，因而影响测量精度。

**4. 根据对被测物理量的测量次数可以分为单次测量和多次测量**

**5. 根据测量时被测物体的运动状态可以分为静态测量和动态测量**

在实际测量过程中，一个物理量的测量不是按照其中一种方法来分类的，而是以上各种分类方法的综合。

## 二、测量误差的分类

在材料力学实验的实际测量中，无论所选取的标准物理量显示仪表的刻度多么精细，被测物理量总是不可避免地处在某相邻的两个最小读数之间，因此被测物理量就因为读数而存在着误差。另外，在测量过程中，或因外界条件的变化，或因其他偶然因素的影响，测量出的物理量数值不等于该物理量的真实大小。通常，被测量物理量的真实值（简称真值）与测得的数值（测量值或实验值）之间的差异称作误差，显然误差是客观存在的，误差也是可正可负的。随着科学技术的发展、测试仪器设备的改进、测试人员技术的不断提高以及测试环境的改善，误差或误差影响会不断减小，测试准确度会不断提高，但误差不会完全消失。误差分析就是研究误差的分类、产生原因、表现规律并设法消除其对测试结果的影响。

根据误差产生的原因可将误差分为以下几类：

**1. 系统误差**

由某些固定不变的因素造成的误差，对测量值的影响总是具有同一偏向或相近大小的误差称为系统误差，又称为恒定误差。其特点是在整个测量过程中误差始终有规律地存在着，其大小和正负均按照特定的规律改变。这类误差的来源有以下几个方面：

（1）仪器调整误差：由于测量人员没有调整好仪器设备所带来的误差。例如，测量前没有将仪器安装在正确的位置上，仪器没有校准或使用零点调整不准确的仪器。

（2）实验条件误差：测量过程中，由于测量条件变化所造成的误差。例如实验过程中仪器的工作条件（温度、湿度、气压等）不同于标准条件。

（3）实验方法误差：由于所采用的测量方法或数学处理方法不完善所造成的误差。例如采用简化的测量方法或采用近似计算方法，以及对某些经常作用的外界条件影响的忽略，导致测量结果偏大或偏小。

（4）主观误差：由于测量人员的一些主观因素所造成的误差。例如测量人员由于个人技术的不完善或者某种不规范的工作习惯，导致误差有固定偏向和一定的规律性，可根据具体原因采取适当措施进行校正和消除。

**2. 偶然误差**

由不易于控制的多种随机因素造成的，没有固定的大小和偏向，但其数值服从概率统计规律的误差称为偶然误差，又称为实验误差或者随机误差。这类误差来源于以下几个方面：

（1）判断误差或者视差：主要是由于估计仪器的最小分度的分数不准引起的。

（2）涨落变化：主要指测量过程中客观条件的变化，如温度、湿度、电压等因素的变化。

（3）干扰：主要指外界对测试仪器产生的干扰。

（4）其他偶然因素对测量结果的影响。

偶然误差通过客观测定，借助于误差理论对测量值进行数学处理可以消除或者降低到最小限度。

**3. 过失误差**

过失误差又称粗大误差，指显然与实际不符的误差，它无规律，误差值可能很大，主要是由于测量人员粗心、操作不规范或者过度疲劳造成的。例如读错刻度、记录或者计算差错，这类误差只能够靠测量人员认真细致地正确操作和加强校对才能避免。

## 三、准确度、精密度和精确度

准确度是对测量结果正确性的度量，指多次测量数据平均值与真值的接近程度。影响准确度的因素主要是系统误差，准确度并不能反映多次测量数据的集中程度，仅仅反映了测量结果与真值的接近程度。

精密度是对测量数据集中程度的度量，指多次测量所得数据的重复程度。影响精密度的因素主要是偶然误差，精密度高说明测量结果比较集中，但是它并不反映测量数据与真值之间的关系，仅仅反映了测量结果的集中程度。

精确度是对测量数据集中程度、测量结果与真值偏离程度的度量。精确度高说明测量数据比较集中，并且集中于真值的周围，即准确度和精密度都很高，这种情况说明测量结果的随机误差和系统误差都很小。通常所说的精度应理解为精确度。

图 2-1 形象地表示了准确度、精密度与精确度之间的关系。图 2-1a 表示测量值精密度低，准确度也低。图 2-1b 表示测量值精密度高，准确度低。图 2-1c 表示测量值精密度低，准确度高。图 2-1d 表示测量值精确度很高，即精密度和准确度都很高，即精确度高。

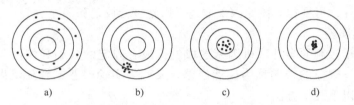

图 2-1　准确度、精密度与精确度之间的关系

## 四、测量不确定度

测量精确度的高低只是一种定性的概念，难以应用于测量结果的评定，如果要定量评定测量结果宜用不确定度描述。不确定度越小，测量的水平越高，数据的质量越高，其使用价值也越高；不确定度越大，测量的水平越低，数据的质量越低，其使用价值也越低。在质量管理和质量保证中，对不确定度极为重视，ISO9001 规定：检验、计量和试验设备使用时，应保证所使用设备的测量不确定度已知且测量能力满足要求。

测量不确定度指用以表征合理赋予被测量值的分散性而在测量结果中含有的一个参数。测量结果的不确定度由许多原因引起，一般是一些随机性的因素，使得测量误差值服从某种分布。用概率分布的标准差表示的不确定度称为标准不确定度。测量结果的不确定度往往含有多个标准不确定度分量，可以用不同方法获得。标准不确定度的评定方法有两种：A 类评定和 B 类评定。由测量值用统计分析方法进行的不确定度评定称为不确定度的 A 类评定，相应的标准不确定度称为统计不确定度分量或"A 类不确定度分量"；采用非统计分析方法所做的不确定度评定，称为不确定度的 B 类评定，相应的标准不确定度称为非统计不确定度分量或"B 类不确定度分量"。将标准不确定度区分为 A 类和 B 类的目的，是使标准不确定度可以通过直接或间接的方法获得，两种方法只是计算方法的不同，并不存在本质上的差异，两种方法均基于概率分布。

测量不确定度与测量误差紧密相连但又有区别，在实际工作中，由于不知道被测量对象的真值才去进行测量，误差的影响必然使测量结果出现一定程度上的不真实，故必须在得出测量结果数值的同时表达出结果的准确程度，按照现行的标准要求要用测量不确定度来描述。不确定度是对测量值的分散性进行估计，是用以表示测量结果分散区间的量值，而不是指具体的、确切的误差值，它虽然可以通过统计分析方法进行估计，却不能用于修正、补偿测量值。

# 第二节　有效数字及其运算法则

测量数据通常是用若干位数字表示的，在测量数据中确定用几位有效数字表示测量结果十分重要，测量数据的位数与测量准确度有关，位数取得过多，超过测量可能的准确度是不对的；相反，位数过低，低于测量能达到的准确度也是错误的。

## 一、有效数字

实验测量的最终结果是以数字和相应的单位表示的。测量中总会包含误差，于是在表示测量值的数字中，也应该包含对误差的反映，这种反映，一般用有效数字来体现，所谓有效数字，即有意义的数字或可以信赖的数字。通常把正确测量条件下经过直接或间接测量得到的数字称为有效数字，而又把有效数字最末一个数字称为欠准数字，误差即包含在欠准数字中。

若测量结果的极限误差不大于测量数据某一位上的半个单位，则该位数字为有效数字的末位，从该位到测量结果的左起第一位非零数字有几位，则称为几位有效数字。对于直接读取式仪器仪表，最小刻度的一位小数为有效数字，比如直尺，每小格代表 1mm，因而有效数字的末位为小数点后一位。

数字 0 可能是有效数字，也可能不是有效数字。例如长度 0.0650m，前面 2 个 0 均不是有效数字，因为这些 0 只与所取单位有关，而与测量精度无关，如果用 mm 为单位，则变成 65.0mm，前面的 2 个零消失了；最后的 1 个 0 是有效数字，有效数字为 3 位，如果最后的 1 个 0 去掉，则有效数字变成 2 位，数值的准确度就降低了。

## 二、运算法则

根据有效数字的含义，可以把有效数字 $T$ 写为测量值 $M$ 和误差 $\delta$ 之和（差）的形式，即

$$T = M \pm \delta \qquad (2\text{-}1)$$

于是，有效数字的四则运算法则（单次测量值的误差的四则运算法则）如下：

（1）记录测量数据时，只保留一位可疑数字，一般可疑数字表示末位上 $\pm1$ 个单位，或下一位有 5 个单位的误差。

（2）有效数字以后的数字舍弃方法（有效数字的修约准则），末位有效数字后的第一位数字大于 5，则在末位上加 1；若小于 5，则舍去不计；若等于 5，则需要看末位有效数字的特征，末位有效数字为奇数则加 1，为偶数则舍去不计。有效数字的舍弃方法可总结为"4 舍 6 入 5 留偶"。例如 1.45564，取 5 位有效数字为 1.4556，取 4 位有效数字为 1.456，取三位有效数字为 1.46，取 2 位有效数字为 1.4。

（3）含有小数的不同位数的两个及两个以上有效数字在进行加、减运算中，每个数值保留有效数位应该以最末一个有效数字的单位相同为原则，若各测量值小数点后均有有效数字，则各数所保留的小数点后位数应该与各数值小数点后位数最少的相同，例如 11.66+0.1118+3.3 应该写成 11.7+0.1+3.3＝15.1，而不是 15.0718。

（4）在乘法和除法运算中，各测量值保留的位数应该以其中相对误差最大者或者有效位数最少者为标准，其余各数舍入至较有效数字位数最少数字多一位。乘法、除法运算结果的有效位数应与有效数字位数最少的数字位数相同，而与小数点位置无关。例如

$$\frac{260.26 \times 0.77}{3.073} = \frac{260 \times 0.77}{3.07} = 65.2 \approx 65 \qquad (2\text{-}2)$$

# 第三节　误差分析的理论基础

由于测量误差的存在，测量结果带有不可信性。为提高其可信程度和准确程度，常在相同条件下对同一量进行重复多次测量，取得一系列包含有误差的数据，按照统计方法处理，获知各类误差的存在和分布，再分别以恰当的处理，最终得到较为可靠的测量值，并给出可信程度的结论。

## 一、物理量多次测量结果的特性

对某个物理量进行多次测量，所得结果具有不同的分布特性，其中正态分布最常见，它具有如下特性：

（1）测量值的分布大体上对称于出现次数最多的数值，或者说绝对值相等的正负误差出现的概率相等。

（2）一组测量值中，出现次数最多的那个数值接近该组测量值的算术平均值。

（3）若以算术平均值作为基准，估计各测量值所具有的误差，则具有最大误差的测量值出现的次数最少。

（4）误差随着出现次数的减少而增大，即绝对值小的误差出现的概率大，绝对值大的误差出现的概率小。

## 二、系统误差的消除

测量过程中的系统误差可分为恒定系统误差和变值系统误差，两种误差具有不同的特性。恒定系统误差对每一次测量值的影响均为相同量，对误差分布范围的大小没有影响，但使得算术平均值产生偏移。通过对测量数据的观察分析，或用更高精度的测量鉴别，可以较容易地把系统误差分量分离出来并做出修正。变值系统误差的大小和方向则随着测试时刻或测量值的不同等因素按照确定的函数规律变化，如果确切掌握了变值误差的规律性，则可以对测量结果加以修正。消除和减少系统误差的常见方法有修正法和对称法。

**1. 修正法**

修正法是指用更精确的仪器对实验仪器进行校准以减小系统误差，或者利用通过分析得出的修正公式来修正实验数据以消除系统误差。例如在电阻应变测量过程中，应定期用标准应变模拟仪对电阻应变仪的灵敏系数进行校准修正。在采用长导线进行电阻应变测量过程中，由于导线过长，导线电阻不能够忽略，所引起的应变读数固定偏小，属于系统误差，经理论分析，可以用下面的公式进行修正以消除系统误差：

$$\varepsilon = \varepsilon_d \left( 1 + \frac{R_L}{R} \right) \tag{2-3}$$

式中，$\varepsilon$ 为修正后的应变值；$\varepsilon_d$ 为应变仪读数；$R$ 为应变片初始电阻值；$R_L$ 为长导线的电阻值。

**2. 对称法**

对称法是利用对称性进行试验来消除系统误差。例如，做拉伸试验时，通常在拉伸试件两侧对称的位置上同时安装两个引伸计测量伸长量，或同时粘贴两个电阻应变片测量应变，把测量的两个数据取平均值，这样就能够消除由于加载偏心引起的系统误差。

一般情况下引起系统误差的因素有多种，必须具体分析，逐项排除和修正。

### 三、偶然误差基本方程

由误差定义可知，对于一个测量值，相应的就有一个误差。在测量过程中，排除系统误差和过失误差后，余下的就是偶然误差。偶然误差的处理方法是：从它的统计规律出发，按照其服从正态分布，求得测量值的算术平均值以及用于描述误差分布的标准偏差。偶然误差是不可消除的一个误差分量，进行分析处理的目的是提高测量值的精确度。

1795 年，高斯给出了误差基本方程的函数形式：

$$f(x) = \frac{1}{\sqrt{2\pi}\,S} e^{-\frac{x^2}{2S^2}} \tag{2-4}$$

也可写作

$$f(x) = \frac{h}{\sqrt{\pi}} e^{-h^2 x^2} \tag{2-5}$$

式中，$f(x)$ 为概率密度；$S$ 为标准误差；$h$ 称为精密度指标，$h = \dfrac{1}{\sqrt{2}\,S}$。式（2-4）、式（2-5）称为高斯误差分布定律。

根据式（2-4）、式（2-5）绘制出高斯分布曲线如图 2-2 所示，由图 2-2 可见，$h$ 越大，$f(0)$ 越大，曲线越陡；$h$ 越小，曲线越平坦。由于误差曲线下方总面积等于 1，即总概率等于 1，因此，曲线越高、越陡，则意味着误差处在小值

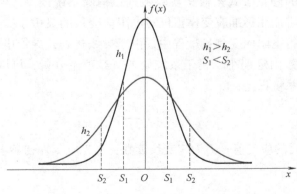

图 2-2　高斯分布曲线

范围的概率大，因此测量精度越高。$h$ 反映了测量的精密度大小，$S$ 决定误差曲线幅度的大小，并表示曲线的转折点。

## 四、误差的表示方法

### 1. 绝对误差

设测量值为 $X$，真值为 $T$，绝对误差为 $\delta$，则有

$$\delta = X - T \tag{2-6}$$

通常，被测物理量的真值往往是未知的，因此对于被测物理量的测量值来说，其绝对误差 $\delta$ 也是未知的。实际测量中，$\delta$ 是根据测量的具体情况进行估计的，若对被测量物理量进行了多次测量，每次测量的测量值 $X_i$ 不一定相同，相应地绝对误差 $\delta$ 也不尽相同。为了保证测量值在实际应用中偏向安全，定义绝对误差 $\delta$ 的最大值为极限绝对误差 $\delta_{极}$，即

$$\delta_{极} = |\delta_{max}| = |X - T|_{max} \tag{2-7}$$

一般所说的绝对误差均指极限绝对误差。

### 2. 相对误差

为了表示测量值的测量精确度，采用相对误差。定义绝对误差 $\delta$ 与真值 $T$ 之比为相对误差 $\rho$，即

$$\rho = \frac{\delta}{T} \tag{2-8}$$

由于真值 $T$ 往往是未知数，为了计算方便，将 $T$ 换成测量值 $X$，于是相对误差为

$$\rho = \frac{\delta}{X} \tag{2-9}$$

将式（2-9）代入式（2-6）中，得

$$T = X - \delta = X - \rho X = X(1 - \rho) \tag{2-10}$$

由式（2-10）可知，相对误差越小，测量值越接近真值。

### 3. 算术平均值

定义被测量 $X_i$ 的算术平均值为

$$X_a = \frac{1}{n}\left(\sum_{i=1}^{n} X_i\right) \tag{2-11}$$

式中，$n$ 为测量次数。当 $n \to \infty$ 时，$X_a \to T$。

利用最小二乘法原理可以确定一组测量值中的最佳值，它能使各测量值误差的平方和最小，而最佳值正好是算术平均值。算术平均值是评估偶然误差的重要指标之一。

**4. 标准误差**

根据测量值的误差 $\delta_i = X_i - T$，定义标准误差如下：

$$S = \sqrt{\frac{\sum\limits_{i=1}^{n} \delta_i^2}{n}} \qquad (2\text{-}12)$$

标准误差是各测量值误差平方和的平均值的平方根，又称为方均根误差，它对较大或较小的误差反应比较灵敏，是表示测量精密度的一种较好的方法。由图 2-2 可见，标准误差 $S$ 越小，正态分布曲线越陡，表明数值较小的偶然误差出现的次数较多，测试数据分散性较小，精密度较高；反之，标准误差 $S$ 越大，正态分布曲线越平缓，表明数值较大的偶然误差出现的次数较多，测试数据分散性大，精密度较低。对于高斯误差分布，在标准误差 $\pm S$ 区间内的概率总和为 68.3%，而在 $\pm 2S$ 区间内出现的概率总和为 95%，在 $\pm 3S$ 区间内的概率总和为 99.7%。在有限测量次数中，若某一测量值出现在 $\pm 3S$ 区间外，按照正态分布规律，该测量值出现的概率为 0.3%，属于极小概率事件，因此超出 $\pm 3S$ 的误差可认为不属于偶然误差而是系统误差或者过失误差。

**5. 有限测量次数的标准误差**

当测量次数无限多时，算术平均值 $X_a$ 即为真值 $T$，但是当测量次数有限时，算术平均值 $X_a$ 只是近似真值 $T$。

设测量值偏差为 $\alpha_i = X_i - X_a$，它与误差 $\delta_i = X_i - T$ 不相等，由测量中正负误差出现的概率相等可推导出

$$\sum_{i=1}^{n} \alpha_i^2 = \frac{n-1}{n} \sum_{i=1}^{n} \delta_i^2 \qquad (2\text{-}13)$$

由式（2-13）可见，有限次测量次数中算术平均值计算的偏差平方和永远小于真值计算的误差平方和，由此得出有限测量次数时标准误差计算公式为

$$S = \sqrt{\frac{\sum\limits_{i=1}^{n} \delta_i^2}{n}} = \sqrt{\frac{\sum\limits_{i=1}^{n} \alpha_i^2}{n-1}} = \sqrt{\frac{\sum\limits_{i=1}^{n} (X_i - X_a)^2}{n-1}} \qquad (2\text{-}14)$$

需要指出的是，标准误差 $S$ 只能表征一组等精度测试中偶然误差出现的概率密度分布，而不是某次具体测试的误差。

**6. 或然误差**

在一定观测条件下，当观测次数 $n$ 无限增加时，在真值误差列中，若比某真值误差绝对值大的误差和比它小的误差出现的概率相等，则称该真值误差为或然误差。

在测量次数有限时，或然误差计算公式为

$$\gamma = 0.6475 \sqrt{\frac{\sum\limits_{i=1}^{n}(X_i - X_a)^2}{n-1}} \tag{2-15}$$

如果将真值误差列按绝对值从大到小排序，当真值误差列数目为奇数时，位置居中的真值误差就是或然误差；当真值误差列数目为偶数时，位置居中的两个真值误差的平均值为或然误差。

实验结果的精密度可用绝对误差表示，也可用相对误差表示，并常用相对百分误差表示，以上所述的偶然误差的正态分布，在理论上是概率论中心极限定理推导的结果，在实际上由大量实践所证实，因此得到广泛应用。实际误差分布往往在分布曲线尾部与正态分布有一些差异，对相当多的实际分布来说，正态分布只是一种近似，有些实际误差分布则要按照非正态分布来考虑。

# 第四节　间接测量值的误差估计

在材料力学实验中，有些物理量是通过间接测量得出的。例如测定材料的弹性模量 $E$ 时，首先需要测量横截面面积 $A$、长度 $L$、载荷 $F$ 以及变形 $\Delta l$，然后计算 $E$ 的值：

$$E = \frac{FL}{A\Delta l} \tag{2-16}$$

式（2-16）中的每个物理量都有其本身的误差，由此必然导致函数 $E$ 产生误差。

现在需要做的是如何根据各物理量的误差来估计函数的误差，即如何计算间接测量物理量的误差。

设函数 $y = f(x_1, x_2, \cdots, x_r)$ 是欲测量的对象，$x_1, x_2, \cdots, x_r$ 是可以直接测量的 $r$ 个独立的物理量，用 $x_1, x_2, \cdots, x_r$ 表示其真值，$\Delta x_1, \Delta x_2, \cdots, \Delta x_r$ 表示其绝对误差，$S_1, S_2, \cdots, S_r$ 表示其标准误差。

函数 $y = f(x_1, x_2, \cdots, x_r)$ 的绝对误差为

$$\Delta y = f(x_1 + \Delta x_1, x_2 + \Delta x_2, \cdots, x_r + \Delta x_r) - f(x_1, x_2, \cdots, x_r) \tag{2-17}$$

根据泰勒公式将 $\Delta y$ 展开并略去高阶项

$$\Delta y = f(x_1, x_2, \cdots, x_r) + \frac{\partial f}{\partial x_1}\Delta x_1 + \frac{\partial f}{\partial x_2}\Delta x_2 + \cdots + \frac{\partial f}{\partial x_r}\Delta x_r - f(x_1, x_2, \cdots, x_r) \tag{2-18}$$

因此

$$\Delta y = \frac{\partial f}{\partial x_1}\Delta x_1 + \frac{\partial f}{\partial x_2}\Delta x_2 + \cdots + \frac{\partial f}{\partial x_r}\Delta x_r \tag{2-19}$$

函数 $f$ 的相对误差为

$$\rho_f = \frac{\Delta y}{y} = \frac{1}{y} \frac{\partial f}{\partial x_1} \Delta x_1 + \frac{1}{y} \frac{\partial f}{\partial x_2} \Delta x_2 + \cdots + \frac{1}{y} \frac{\partial f}{\partial x_r} \Delta x_r$$

$$= \frac{x_1}{y} \frac{\partial f}{\partial x_1} \frac{\Delta x_1}{x_1} + \frac{x_2}{y} \frac{\partial f}{\partial x_2} \frac{\Delta x_2}{x_2} + \cdots + \frac{x_r}{y} \frac{\partial f}{\partial x_r} \frac{\Delta x_r}{x_r} \tag{2-20}$$

$$= \frac{x_1}{y} \frac{\partial f}{\partial x_1} \rho_{x_1} + \frac{x_2}{y} \frac{\partial f}{\partial x_2} \rho_{x_2} + \cdots + \frac{x_r}{y} \frac{\partial f}{\partial x_r} \rho_{x_r}$$

若对函数 $f$ 进行了 $n$ 次测量，$\Delta y_i$ 为第 $i$ 次测量的绝对误差：

$$\Delta y_i = \frac{\partial f}{\partial x_1} \Delta x_{1i} + \frac{\partial f}{\partial x_2} \Delta x_{2i} + \cdots + \frac{\partial f}{\partial x_r} \Delta x_{ri} \tag{2-21}$$

对 $n$ 次测量的绝对误差的平方求和，得

$$\sum_{i=1}^{n} (\Delta y_i)^2 = \sum_{i=1}^{n} \left( \frac{\partial f}{\partial x_1} \Delta x_{1i} + \frac{\partial f}{\partial x_2} \Delta x_{2i} + \cdots + \frac{\partial f}{\partial x_r} \Delta x_{ri} \right)^2 \tag{2-22}$$

由于正负误差出现的概率相等，当 $n$ 足够大时，非平方项均等于 0，因此式 (2-22) 可化简为

$$\sum_{i=1}^{n} (\Delta y_i)^2$$

$$= \sum_{i=1}^{n} \left[ \left( \frac{\partial f}{\partial x_1} \right)^2 (\Delta x_{1i})^2 + \left( \frac{\partial f}{\partial x_2} \right)^2 (\Delta x_{2i})^2 + \cdots + \left( \frac{\partial f}{\partial x_r} \right)^2 (\Delta x_{ri})^2 \right]$$

$$= \left( \frac{\partial f}{\partial x_1} \right)^2 \sum_{i=1}^{n} (\Delta x_{1i})^2 + \left( \frac{\partial f}{\partial x_2} \right)^2 \sum_{i=1}^{n} (\Delta x_{2i})^2 + \cdots + \left( \frac{\partial f}{\partial x_r} \right)^2 \sum_{i=1}^{n} (\Delta x_{ri})^2$$

$$\tag{2-23}$$

从而函数的标准差为

$$S_y = \sqrt{\frac{\sum_{i=1}^{n} (\Delta y_i)^2}{n}}$$

$$= \sqrt{\frac{\left( \frac{\partial f}{\partial x_1} \right)^2 \sum_{i=1}^{n} (\Delta x_{1i})^2 + \left( \frac{\partial f}{\partial x_2} \right)^2 \sum_{i=1}^{n} (\Delta x_{2i})^2 + \cdots + \left( \frac{\partial f}{\partial x_r} \right)^2 \sum_{i=1}^{n} (\Delta x_{ri})^2}{n}}$$

$$= \sqrt{\left( \frac{\partial f}{\partial x_1} \right)^2 \frac{\sum_{i=1}^{n} (\Delta x_{1i})^2}{n} + \left( \frac{\partial f}{\partial x_2} \right)^2 \frac{\sum_{i=1}^{n} (\Delta x_{2i})^2}{n} + \cdots + \left( \frac{\partial f}{\partial x_r} \right)^2 \frac{\sum_{i=1}^{n} (\Delta x_{ri})^2}{n}}$$

$$= \sqrt{\left( \frac{\partial f}{\partial x_1} \right)^2 S_1^2 + \left( \frac{\partial f}{\partial x_2} \right)^2 S_2^2 + \cdots + \left( \frac{\partial f}{\partial x_r} \right)^2 S_r^2} \tag{2-24}$$

式（2-24）表示了间接测量误差的传递规律。

# 第五节　实验数据的表示方法

进行实验测定，最终得到的是一大堆相关量的数据，如何归纳、整理这些数据，以简明的形式把它们表示出来，是一项极其重要而且复杂的工作，因为实验数据反映了被测量的相关量之间存在的规律，这些规律一方面是推求理论的基础，另一方面又可以作为工程设计的依据。如果实验数据不能用正确、清楚和简便的方式表示出来，往往就会掩盖其间的某些重要特性，造成分析、推理、获得正确结论上的困难和实际应用的不方便。

实验数据的表示方法一般有列表法、作图法和方程法，三种方法各有优缺点，主要根据需要和经验选择使用。

## 一、列表法

列表法简单且容易操作，不需要特殊的仪器，数据便于参考比较，同一表格内可以同时表示多个变量的数值变化而不混乱，关系明确，因此这种方法应用很普遍。

列表法所采用的表格，其具体形式由所表示的实验结果内容确定，一般来说应注意以下几点：

（1）完整的列表应包括表头、序号、名称、项目、说明和数据来源等。

（2）表格要有标题说明，说明应该简明扼要。

（3）要尽量做到表格中自变量与因变量之间的关系明确，表格简洁、扼要、紧凑、一目了然。

（4）表格中自变量与因变量的一一对应关系，应按照一定顺序表示出来，自变量一般选择为实验能直接测量的物理量。

（5）如果变量是有量纲的物理量，一般在表头该变量后写上单位，在变量的测定值后不再标注单位，如果变量能够用符号表示，尽可能用符号表示，注意选用该学科的通用符号，不至于引起歧义。

（6）数值在写入表格前，应按照测量精度和有效数字的取舍原则取整齐，然后填入表格。书写时同一行的数值小数点要对齐，数字书写应清晰工整。假设自变量无误差，因变量的位数取决于实验精度。

列表法也有缺点，主要表现为：第一，表格所列各相关物理量的数值只能是有限个数，而不能给出所有的函数关系；第二，通过表格不能清晰地看到相关物理量之间的确切关系，不能看出自变量变化时因变量的变化规律，只能大致估计出其间的趋势；第三，当表格中数值繁多时，实际应用很不方便。

## 二、作图法

作图法是把所测得的相关量的数据在坐标纸上用曲线表示出来，用以显示实验结果，这样作图所得的曲线，叫作实验曲线。作图法的优点是形式直观，便于比较，能显示数据的最大值、最小值、转折点和周期性等特点。如果图形绘制准确，可以从图上直接求解微分或者积分，而不必知道变量间的数学关系式，但这就要求作图者具有熟练的技巧和丰富的经验，否则，往往会因作图不正确而带来严重的误差，甚至会歪曲实验所揭示的规律。

作图法通常有以下步骤：图纸选择，坐标分度，根据数据描点，画曲线，加注释说明。认真谨慎地对待每一个步骤，对绘制好实验曲线具有重要的意义。

（1）常用的坐标系有直角坐标系、极坐标系、对数坐标系。坐标系的选择无一定规律可循，多为经验性。但一个基本出发点是以能够绘制出简单的几何曲线为准则。最好是能绘制成直线（例如直角坐标系中的指数曲线，在对数坐标系里能够转化为直线）。坐标系 $x$ 轴永远代表自变量，$y$ 轴永远代表因变量。坐标轴的分度应使每一点在坐标系上能够迅速方便地找到，一般直角坐标系的各坐标线的间距以 1、2、5 分格最方便，应避免 3、6、7、9 类似的分格。

（2）坐标的最小分格应对应被表示量的误差。分度过细，超过实验精度，会造成曲线的人为失真，具有虚假精度，产生无效数字；分度过粗又降低了实验精度，曲线过于平直，也会造成曲线失真。坐标分度值不一定从零开始，在一组数据值中，自变量和因变量都有最大值和最小值，分度时可以用小于最小值的某一个数作为起点，大于最大值的某一个数作为终点，以使得图形在坐标系中占得较满为合适。

（3）坐标分度确定后，要标出主坐标分度值以便于读数，为了清晰起见，不必每一分度都标注数字，一般是每隔 1 格或者每隔 4 格标注数字，标注数字的有效位数要与原始数据的有效位数一致，例如在图中能区别 6.50 和 6.51 时，分度标记应使用 6.50，而不能用 6.5。

（4）根据数据描点。对于只看变化趋势的情况，则将数据点描在坐标系上即可；对于作为准确实验工具用的曲线图，则要按照一定规律描点。由于实验数据存在一定的误差，因此作图时，不能简单描点，应该用一个矩形表示。矩形的两个边分别代表自变量和因变量的误差，中心代表平均值，真值应在此矩形内。用两倍标准误差作为误差的合理范围，这样所得曲线介于两条粗实线间的概率为95%，如图 2-3 所示。若在同一个图中表示几组不同数据，应当用不同符号区分这些曲线。

（5）将数据点描绘在坐标系上之后，用光滑曲线连接数据点，一般作曲线应按照以下原则：

1）曲线应该尽可能光滑均匀。

2）曲线应该尽可能与所有点相接近，但不必通过图上的每一个点。

3）曲线一般不应存在不连续点或者奇异点。

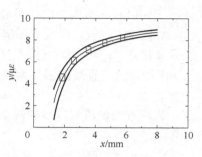

图 2-3　实验数据作图示例

4）曲线两侧的点数应尽可能相等。

（6）注解说明。图形绘制好后，在坐标轴上要注明它所代表的物理量，整个图形要给出清楚的标题说明。

## 三、方程法

表示相关量的测定值之间的函数关系式称为实验公式或者经验公式，用方程式表示实验结果既简单又能广泛地保存实验数据，且便于应用，同时还比较深刻地反映了物理现象的内在联系，便于进一步的数学运算与数据处理。

一个理想的经验公式既要求形式简单，所含任意常数不要太多，又要求它能够准确地代表实验结果，这两种要求常相互矛盾，有时只能考虑必要的准确度，采用形式上更复杂的公式。

从实验数据找到经验公式还没有简单的方法，通常先依据一组实验数据画图，根据图形和经验以及解析几何原理，试求经验公式应有的形式，然后用多组实验数据去验证，若此形式不合适，则重新建立新的形式再次验证，直到满意为止。最简单的经验公式为直线式，因此，如有可能，应使函数形式取为直线形式。

选定了经验公式的类型后，就要根据测定值确定经验公式中的常数，最常用的方法有直线图解法和最小二乘法。

对于直线形式的情形，用图解法比较方便，先在直角坐标系上将实验数据绘制出来，然后画一条直线，使直线尽可能接近每一点，这条直线的斜率便是直线形式 $y = ax + b$ 中 $a$ 的值，而直线在 $y$ 轴上的截距便是 $b$ 值，如图 2-4 所示。

最小二乘法是求解常数常用的方法，此方法假设自变量数值无误差，而因变量各数值有测量误差，最好的曲线能使各点与曲线的偏差的平方和最小。

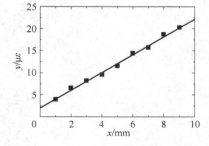

图 2-4　直线型经验公式示例

下面以直线形式为例说明最小二乘法的求解过程。

如图 2-4 所示，测量了 $n$ 组数据，假设该组数据可以用形如 $y=ax+b$ 的直线公式来描述，$y_i'$ 为 $a$ 和 $b$ 已知时根据 $x_i$ 值计算的 $y$ 值，$y_i$ 为 $y$ 第 $i$ 次的测量值。则第 $i$ 次测量值与直线的偏差为

$$d_i = y_i - y_i' = y_i - ax_i - b \tag{2-25}$$

将所有测量值与直线的偏差先求平方再求和，即令

$$f = \sum_{i=1}^{n} d_i^2 \tag{2-26}$$

当 $f$ 取最小值时，对应的 $a$ 和 $b$ 便是直线公式中 $y=ax+b$ 的最佳值。$f$ 取最小值的必要条件为

$$\begin{cases} \dfrac{\partial f}{\partial a} = 0 \\[2mm] \dfrac{\partial f}{\partial b} = 0 \end{cases} \tag{2-27}$$

联合式（2-25）~式（2-27），可得

$$\begin{cases} \dfrac{\partial f}{\partial a} = \sum_{i=1}^{n} \dfrac{\partial (y_i - ax_i - b)^2}{\partial a} = 0 \\[3mm] \dfrac{\partial f}{\partial b} = \sum_{i=1}^{n} \dfrac{\partial (y_i - ax_i - b)^2}{\partial b} = 0 \end{cases} \tag{2-28}$$

式（2-28）展开，化简得到

$$\begin{cases} \dfrac{\partial f}{\partial a} = -2 \sum_{i=1}^{n} (y_i - ax_i - b)x_i = 0 \\[3mm] \dfrac{\partial f}{\partial b} = -2 \sum_{i=1}^{n} (y_i - ax_i - b) = 0 \end{cases} \tag{2-29}$$

式（2-29）展开，化简得到

$$\begin{cases} \sum_{i=1}^{n} y_i x_i - a \sum_{i=1}^{n} x_i^2 - b \sum_{i=1}^{n} x_i = 0 \\[3mm] \sum_{i=1}^{n} y_i - a \sum_{i=1}^{n} x_i - b \sum_{i=1}^{n} 1 = 0 \end{cases} \tag{2-30}$$

将式（2-30）写为

$$\begin{cases} a \sum_{i=1}^{n} x_i^2 + b \sum_{i=1}^{n} x_i = \sum_{i=1}^{n} y_i x_i \\[3mm] a \sum_{i=1}^{n} x_i + b \sum_{i=1}^{n} 1 = \sum_{i=1}^{n} y_i \end{cases} \tag{2-31}$$

式（2-31）即为关于 $a$ 和 $b$ 的二元一次方程组，采用行列式解法，令

$$D = \begin{vmatrix} \sum_{i=1}^{n} x_i^2 & \sum_{i=1}^{n} x_i \\ \sum_{i=1}^{n} x_i & \sum_{i=1}^{n} 1 \end{vmatrix} = \sum_{i=1}^{n} x_i^2 \times \sum_{i=1}^{n} 1 - \sum_{i=1}^{n} x_i \times \sum_{i=1}^{n} x_i \qquad (2\text{-}32)$$

$$D_a = \begin{vmatrix} \sum_{i=1}^{n} y_i x_i & \sum_{i=1}^{n} x_i \\ \sum_{i=1}^{n} y_i & \sum_{i=1}^{n} 1 \end{vmatrix} = \sum_{i=1}^{n} y_i x_i \times \sum_{i=1}^{n} 1 - \sum_{i=1}^{n} x_i \times \sum_{i=1}^{n} y_i \qquad (2\text{-}33)$$

$$D_b = \begin{vmatrix} \sum_{i=1}^{n} x_i^2 & \sum_{i=1}^{n} y_i x_i \\ \sum_{i=1}^{n} x_i & \sum_{i=1}^{n} y_i \end{vmatrix} = \sum_{i=1}^{n} x_i^2 \times \sum_{i=1}^{n} y_i - \sum_{i=1}^{n} y_i x_i \times \sum_{i=1}^{n} x_i \qquad (2\text{-}34)$$

因此

$$a = \frac{D_a}{D} = \frac{\sum_{i=1}^{n} y_i x_i \times \sum_{i=1}^{n} 1 - \sum_{i=1}^{n} x_i \times \sum_{i=1}^{n} y_i}{\sum_{i=1}^{n} x_i^2 \times \sum_{i=1}^{n} 1 - \sum_{i=1}^{n} x_i \times \sum_{i=1}^{n} x_i} \qquad (2\text{-}35)$$

$$b = \frac{D_b}{D} = \frac{\sum_{i=1}^{n} x_i^2 \times \sum_{i=1}^{n} y_i - \sum_{i=1}^{n} y_i x_i \times \sum_{i=1}^{n} x_i}{\sum_{i=1}^{n} x_i^2 \times \sum_{i=1}^{n} 1 - \sum_{i=1}^{n} x_i \times \sum_{i=1}^{n} x_i} \qquad (2\text{-}36)$$

由此可得到最小二乘法求解直线形式 $y = ax + b$ 经验公式中的常数 $a$ 和 $b$。

## 第六节　应用 MATLAB 拟合经验公式

对于表现出直线规律的情况下采用最小二乘法能够得到理想的经验公式，对于更复杂的经验公式，MATLAB 软件的 "lsqcurvefit" 函数可以很方便地拟合出所需要的方程式，应用该函数不仅仅可以对复杂形式的方程式进行拟合，也能极大地减少研究人员的工作量，提高效率。本节简要介绍 MATLAB 软件中 "lsqcurvefit" 函数的使用方法。

假设表 2-1 中数据为通过实验获得的 8 组数据，其中 $x$ 代表角度，$y$ 代表应变。

**表 2-1  实验获得的数据**

| $x/(°)$ | 0 | 45 | 90 | 135 | 180 | 225 | 270 | 315 |
|---|---|---|---|---|---|---|---|---|
| $y/\mu\varepsilon$ | -84 | -124 | -163 | -180 | -163 | -124 | -84 | -68 |

将表 2-1 的数据绘制于图 2-5 中，图 2-5 中正方形散点图为实验数据，发现 $y$ 与 $x$ 表现出余弦函数的规律，因此假设其函数关系式为

$$y = a + b\cos(x + c) \tag{2-37}$$

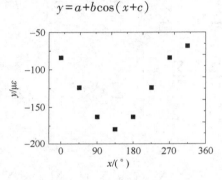

图 2-5  实验数据图

下面将给出利用"lsqcurvefit"函数求解式（2-37）中三个未知数的过程。在 MATLAB 安装目录的"work"文件夹下新建两个文件，文件名分别为"nihe.m"与"gs.m"。

其中"gs.m"文件用于存放需要拟合的方程式，文件具体代码如下：

```
function f=gs(x,xdata)
f=x(1)+x(2)* cos(xdata+x(3));
```

代码第一行是 MATLAB 函数文件的固定写法，任何一个 MATLAB 函数文件的第一行均应写成"function f ="的形式，"="后面的"gs"要与文件名一致，"（x, xdata）"为程序运行过程中的参数传递变量。括号中的"x"为参数矩阵，在这个程序中，"x"表示的参数矩阵为 $\boldsymbol{x} = [x(1), x(2), x(3)]$，其中 $x(1)$、$x(2)$、$x(3)$ 分别对应式（2-37）中的 $a$、$b$、$c$；"xdata"表示自变量，对应表 2-1 中实验数据的自变量"x"。

"nihe.m"文件是用于输入原始实验数据、调用"lsqcurvefit"函数并输出数据的文件。具体代码及含义如下：

```
function f = nihe( )    % 固定写法，"="后面的"nihe"与文件名一致
```

```
pi=3.1415926;                % 定义圆周率 π，即 pi=π
ydata=[-84 -124 -163 -180 -163 -124 -84 -68];   % 输入原始数
                                             据 y
xxdata=[0 1 2 3 4 5 6 7];
xdata=xxdata* pi/4;          % 输入原始数据 x，并将角度转化为弧度。
x0=[1 1 1]                    % 令 a=b=c=1，初始值可以任意给定
for i=1:200                   % 重复应用"lsqcurvefit"200 次
[x,resnorm]=lsqcurvefit(@ gs,x0,xdata,ydata); 调用 lsqcur-
vefit 函数
x0=x;                         % 得到新的 a、b、c，并将新的值赋给 x0
end
x                            % 输出 a、b、c 的最终值
```

其中［x，resnorm］＝lsqcurvefit（@ pxysgs，x0，xdata，ydata）代码中，x 为参数矩阵，代表的是 $x=[x(1),x(2),x(3)]$，在调用"lsqcurvefit"函数前，需要先任意给定一个 x 的初始值 $x_0$，即 x0＝［1 1 1］，调用完成后输出一个 $x=[x(1),x(2),x(3)]$ 的值。为了使结果更加精确，可以多次调用"lsqcurvefit"函数，再次调用时将前一次输出的 $x=[x(1),x(2),x(3)]$ 结果作为新的输入参数，即 x0＝x，本文的示范程序中调用了 200 次"lsqcurvefit"函数。

代码编写完成并保存以后，在 MATLAB 的命令行窗口输入"nihe"，按回车键执行该代码，输出数据为（-123.7500，55.9307，0.7854），代表的意义便是 $a=-123.7500$，$b=55.9307$，$c=0.7854$，即式（2-37）的解析式为

$$y=-123.7500+55.9307\cos(x+0.7854) \tag{2-38}$$

为了验证该结果是否可靠，将实验的散点图与式（2-38）绘制到同一张图上，如图 2-6 所示，发现拟合的解析式非常完美地拟合了实验数据。

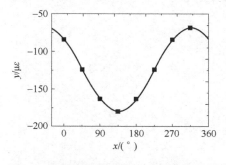

图 2-6　实验数据散点图与解析式函数图

　　本节详细介绍了如何应用 MATLAB 中"lsqcurvefit"函数拟合经验公式的方法与过程，该方法不仅仅可以拟合余弦曲线，也可以拟合其他形式的曲线，包括直线。使用该方法时，首先需要假设出经验公式的形式，确定经验公式有几个未知数，经验公式的形式确定以后，便可仿照该代码修改程序，得到适合自己需要的代码，拟合出需要的经验公式。

# 第三篇 实 验 项 目

## 实验一 电阻应变测量技术

电阻应变测量方法是用电阻应变计测量构件的表面应变，并将应变转化成电信号进行测量的方法，简称电测法。电测法的基本原理是：将电阻应变计（简称应变计，又称电阻应变片或应变片）粘贴在被测构件的表面，当构件发生变形时，应变片随着构件一起变形，应变片的电阻值将发生相应的变化，通过电阻应变测量仪器（简称应变仪），可以测量出应变片中的电阻值变化，并换算成应变值。电测法中测量结果是应变，再根据应力-应变关系可以求得被测点的应力，从而达到进行应力分析的目的。

电测法具有较高的灵敏度，应变片质量轻、体积小、便于安装，可在高温、低温、高压等特殊环境下使用，测量过程中的输出量是电信号，便于实现自动化和数字化处理，能进行远距离测量（即无线遥测）。电阻应变测量方法在材料力学实验中具有重要的地位和应用，掌握和熟练应用电测法是进行材料力学实验的基本要求。

### 一、实验目的

掌握电阻应变测量方法的原理与技术。

### 二、实验仪器

实验用到的仪器如表 3-1-1 所示。

表 3-1-1　实验仪器

| 序　号 | 名　称 |
|---|---|
| 1 | 静态电阻应变仪 |
| 2 | 等强度梁 |
| 3 | 砝码 |
| 4 | 万用表 |

### 三、实验原理

**1. 应变片工作原理**

应变片是根据金属丝的电阻应变效应原理制成的，它是电测法中必不可少的传感元件，负责把应变信号转换为电信号。

常见的应变片有丝绕式应变片、短接式应变片、金属箔式应变片、半导体应变片、多轴应变片（应变花）和薄膜应变片。除了这些常见的应变片，还有其他特殊用途的应变片：高温应变片、裂纹扩展应变片、疲劳寿命应变片、大应变测量应变片、双层应变片、防水应变片和屏蔽式应变片。

丝绕式电阻应变片制作工艺简单、成本低、易于安装，因此得到了广泛的应用。丝绕式电阻应变片结构如图 3-1-1 所示，主要由敏感栅、基底、覆盖层、黏结剂和引出线组成。

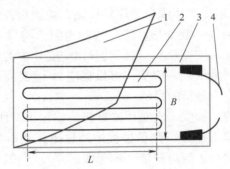

图 3-1-1 丝绕式电阻应变片结构示意图

1—覆盖层 2—敏感栅 3—基底 4—引出线

应变片的电阻变化率与其敏感栅受到的轴向应变成正比，即

$$\frac{\Delta R}{R} = K\varepsilon_{\mathrm{L}} \qquad (3\text{-}1\text{-}1)$$

式中，$R$ 为应变片的原始电阻；$\Delta R$ 为电阻的变化量；$\varepsilon_{\mathrm{L}}$ 为敏感栅受到的轴向平均应变；$K$ 为应变片的灵敏系数，是与应变片敏感栅材质、加工工艺有关的常数。灵敏系数 $K$ 需要通过实验测试来标定，厂家会在一批应变片中抽样标定，该标定值作为这一批应变片的灵敏系数；实验人员在使用时也可以自行标定。标定灵敏系数常用的方法有纯弯曲梁实验方法、等强度悬臂梁实验方法和轴向拉压实验方法。

**2. 电阻应变仪工作原理**

根据式（3-1-1）可知，只要能够读取应变片的电阻变化率，那么就可以知道应变片受到的应变，也就知道了构件表面该点的应变，因此如何读取电阻变化率就至关重要。电阻应变仪便是读取电阻变化率，并将结果转化为应变输出的仪器。

应变 $\varepsilon_L$ 是很小的，因此根据式（3-1-1）可知电阻变化率 $\Delta R/R$ 也是很小的，为了检测应变片电阻值的微小变化，电阻应变仪应具有检测微小电阻变化，并将信号放大的能力。

如图 3-1-2 所示，电阻应变仪大致可分为三个部分，第一部分为测量电路部分；第二部分为信号放大部分；第三部分为显示、输出部分。这里重点介绍测量电路部分，测量电路的工作原理揭示了应变仪输出数据与应变片感受应变的函数关系，是电阻应变仪的核心。

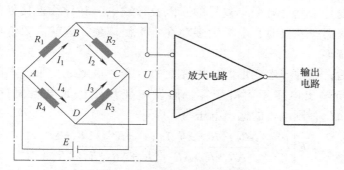

图 3-1-2 电阻应变仪结构示意图

电阻应变仪测量电路如图 3-1-3 所示，由图可知 $ABC$ 支路的电流为

$$I_1 = I_2 = \frac{E}{R_1 + R_2} \qquad (3\text{-}1\text{-}2)$$

$ADC$ 支路的电流为

$$I_3 = I_4 = \frac{E}{R_3 + R_4} \qquad (3\text{-}1\text{-}3)$$

$B$、$C$ 两端电位差为

$$U_{BC} = R_2 I_2 = \frac{E}{R_1 + R_2} R_2 \qquad (3\text{-}1\text{-}4)$$

$D$、$C$ 两端电位差为

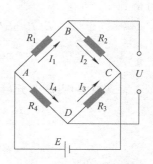

图 3-1-3 电阻应变仪测量电路

$$U_{DC} = R_3 I_3 = \frac{E}{R_3 + R_4} R_3 \qquad (3\text{-}1\text{-}5)$$

由式（3-1-4）、式（3-1-5）可得 $D$、$B$ 两点电位差为

$$U_{DB} = U_{DC} - U_{BC} = \frac{E}{R_3 + R_4}R_3 - \frac{E}{R_1 + R_2}R_2 \qquad (3\text{-}1\text{-}6)$$

因此，电桥输出电压为

$$U = U_{DB} = \frac{E}{R_3 + R_4}R_3 - \frac{E}{R_1 + R_2}R_2 = E\left[\frac{R_1 R_3 - R_2 R_4}{(R_1 + R_2)(R_3 + R_4)}\right] \qquad (3\text{-}1\text{-}7)$$

根据式（3-1-7）可知，当 $R_1$、$R_2$、$R_3$、$R_4$ 满足下式时，输出电压 $U=0$，称作电桥平衡：

$$R_1 R_3 = R_2 R_4 \qquad (3\text{-}1\text{-}8)$$

在选择应变片时，一般要求选择同规格的应变片，因此应变片初始电阻满足 $R_1 = R_2 = R_3 = R_4$，因此理论上来说无应变时，电桥是平衡的，输出电压 $U=0$。但是由于应变片毕竟是有微小差异的，以及导线电阻和导线连接处的接触电阻存在，在刚接通应变仪时，电桥大多存在不平衡现象，这就需要将应变仪预调平衡，简称调零。

平衡以后，构件产生变形时，构件上的应变片也随之变形，电阻值随之发生变化，电桥输出电压不再等于零，假设应变片变化的电阻值分别为 $\Delta R_1$、$\Delta R_2$、$\Delta R_3$、$\Delta R_4$，则电桥的输出电压为

$$U = E\left[\frac{(R_1 + \Delta R_1)(R_3 + \Delta R_3) - (R_2 + \Delta R_2)(R_4 + \Delta R_4)}{(R_1 + \Delta R_1 + R_2 + \Delta R_2)(R_3 + \Delta R_3 + R_4 + \Delta R_4)}\right] \qquad (3\text{-}1\text{-}9)$$

将式（3-1-9）的分子展开，略去高阶项，并应用电桥平衡的条件 $R_1 R_3 = R_2 R_4$，可得到

$$E(R_1 + \Delta R_1)(R_3 + \Delta R_3) - E(R_2 + \Delta R_2)(R_4 + \Delta R_4)$$
$$= ER_1 R_3 \left(\frac{\Delta R_1}{R_1} + \frac{\Delta R_3}{R_3} - \frac{\Delta R_2}{R_2} - \frac{\Delta R_4}{R_4}\right) \qquad (3\text{-}1\text{-}10)$$

将式（3-1-9）的分母展开，略去高阶项，可得到

$$(R_1 + \Delta R_1 + R_2 + \Delta R_2)(R_3 + \Delta R_3 + R_4 + \Delta R_4)$$
$$= R_1 R_3 \left(2 + \frac{R_4}{R_3} + \frac{R_2}{R_1}\right) \qquad (3\text{-}1\text{-}11)$$

将式（3-1-10）、式（3-1-11）代入式（3-1-9）可得到输出电压为

$$U = \frac{E\left(\dfrac{\Delta R_1}{R_1} + \dfrac{\Delta R_3}{R_3} - \dfrac{\Delta R_2}{R_2} - \dfrac{\Delta R_4}{R_4}\right)}{\left(2 + \dfrac{R_4}{R_3} + \dfrac{R_2}{R_1}\right)} \qquad (3\text{-}1\text{-}12)$$

电桥在使用时有两种方案，一种是等臂电桥，即 $R_1 = R_2 = R_3 = R_4$，另一种是不等臂电桥，不等臂电桥要求满足 $R_1 = R_2$，且 $R_3 = R_4$，因此，两种情况下，

式（3-1-12）表示的输出电压均为

$$U = \frac{E}{4}\left(\frac{\Delta R_1}{R_1} + \frac{\Delta R_3}{R_3} - \frac{\Delta R_2}{R_2} - \frac{\Delta R_4}{R_4}\right) \tag{3-1-13}$$

将电阻变化率改写为应变的形式，即

$$\begin{cases} \dfrac{\Delta R_1}{R_1} = K\varepsilon_1 \\[2mm] \dfrac{\Delta R_2}{R_2} = K\varepsilon_2 \\[2mm] \dfrac{\Delta R_3}{R_3} = K\varepsilon_3 \\[2mm] \dfrac{\Delta R_4}{R_4} = K\varepsilon_4 \end{cases} \tag{3-1-14}$$

将式（3-1-14）代入式（3-1-13）可得到电桥输出电压为

$$U = \frac{KE}{4}(\varepsilon_1 + \varepsilon_3 - \varepsilon_2 - \varepsilon_4) = \frac{KE}{4}(\varepsilon_1 - \varepsilon_2 + \varepsilon_3 - \varepsilon_4) \tag{3-1-15}$$

将式（3-1-15）中的输出电压换算成应变，即令

$$\varepsilon_d = \frac{4U}{KE} \tag{3-1-16}$$

因此，应变仪输出的应变为

$$\varepsilon_d = \frac{4U}{KE} = \varepsilon_1 - \varepsilon_2 + \varepsilon_3 - \varepsilon_4 \tag{3-1-17}$$

式（3-1-17）表示了应变仪输出应变与四个桥臂应变的关系，可理解为"对臂相加，邻臂相减"。

**3. 应变仪基本桥路接法**

在进行电阻应变测量时，可根据被测点的应力状态与测量需求选择合适的桥路接法，常见接法有全桥、半桥、1/4 桥三种。

全桥，指的是四个桥臂均接应变片，在设置应变仪的桥路接法时要设置为全桥档位，此时应变仪输出的应变为 $\varepsilon_d = \varepsilon_1 - \varepsilon_2 + \varepsilon_3 - \varepsilon_4$。

半桥，指的是 $AB$ 和 $BC$ 桥臂接应变片，$CD$ 和 $DA$ 桥臂接标准电阻，目前的应变仪均把标准电阻集成到应变仪内部，在设置应变仪的桥路接法时设置为半桥档位，应变仪便可自动在 $CD$ 和 $DA$ 桥臂上接入标准电阻。标准电阻的作用是为了保证电桥测量电路的正常工作，且标准电阻不变化，即电阻变化率为零，此时应变仪输出的应变为 $\varepsilon_d = \varepsilon_1 - \varepsilon_2$，即不用考虑 $\varepsilon_3$ 与 $\varepsilon_4$ 两项。

1/4 桥，该接法主要用于多点同时测量，目前大多数的应变仪设置了一个公

共补偿端接口，在该接口连接一个补偿片用于公共补偿，当应变仪桥路设置为 1/4 桥时，选择所需要测量的电桥通道，公共补偿端的补偿片将自动接入该电桥通道。1/4 桥也属于半桥用法，因此只需要将被测点的应变片接入应变仪的 $AB$ 桥臂，其余桥臂不用接线。

**4. 温度补偿**

温度效应是指对构件进行应变测量时，被测构件总是处于某一温度环境中，温度变化时，应变片的敏感栅电阻也会变化；另一方面，应变片敏感栅电阻丝的线膨胀系数可能与被测材料的线膨胀系数不一致，应变片会受到附加的应变，也会造成电阻值的变化。总之，使用电测法测量构件表面应变时，应变仪输出的应变会受到温度的影响，实验时必须要消除温度对应变的影响，否则实验数据没有意义，消除温度对应变影响的措施称为温度补偿。这里介绍两种常用的温度补偿方法：

（1）采用温度补偿片：找一个与被测构件完全相同的材料，再找一个与被测物体上规格相同的应变片，把这个应变片粘贴在这个材料上，这就做成了一个温度补偿片，将温度补偿片与被测物体置于相同的环境中，因此温度对补偿片上应变的影响等于温度对被测构件上应变片的影响，区别是补偿片不受力的作用，仅仅受到温度的影响。比如，应变片 $R_1$ 粘贴在被测物体表面，其应变为 $\varepsilon_1 = \varepsilon_F + \varepsilon_t$，应变片 $R_2$ 粘贴在补偿片上，其应变为 $\varepsilon_2 = \varepsilon_t$，按照电桥输出特性，得到 $\varepsilon_d = \varepsilon_1 - \varepsilon_2 = \varepsilon_F + \varepsilon_t - \varepsilon_t = \varepsilon_F$，完全消除了温度的影响。

（2）桥路补偿：适当选择电桥的形式，应变片均粘贴在被测物体表面，均受到温度的影响，比如，$\varepsilon_1 = \varepsilon_{F1} + \varepsilon_t$，$\varepsilon_2 = \varepsilon_{F2} + \varepsilon_t$，按照电桥输出特性，得到 $\varepsilon_d = \varepsilon_1 - \varepsilon_2 = \varepsilon_{F1} + \varepsilon_t - (\varepsilon_{F2} + \varepsilon_t) = \varepsilon_{F1} - \varepsilon_{F2}$，同样消除了温度的影响。

**5. 等强度梁**

等强度梁是一种变截面梁，指的是在载荷作用下，梁各个截面位置的应力相同。悬臂梁在受到集中力作用下，截面的弯矩随着截面的位置变化，为了保证各个截面的应力相同，那就要求梁的截面尺寸也随截面位置变化。本实验采用了图 3-1-4 所示的等强度梁，图 3-1-4a 为正视图，图 3-1-4b 为顶视图，顶视图中可见到梁截面是逐渐变化的，梁上的小矩形表示粘贴的应变片，实验使用的等强度梁上表面和下表面分别粘贴了若干个应变片。

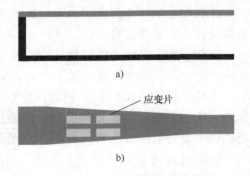

图 3-1-4　等强度梁结构示意图

## 四、实验步骤与实验数据记录

（1）接通应变仪电源，检查应变仪能否正常使用。

（2）用万用表检查等强度梁与温度补偿片上的应变片，查验应变片的初始电阻，在 $120\Omega$ 左右表示应变片完好，可以正常进行实验。

（3）水平放置等强度梁，使其平稳，不晃动。

（4）按照被测电桥的测量要求，将对应的应变片接入应变仪。

（5）将应变仪预调平衡。

（6）在等强度梁自由端加载 2kg 砝码。

（7）记录应变仪读数，该读数即为对应的测量结果，应变仪读数的单位为微应变，即读数需要乘 $10^{-6}$ 才是实际的应变。

（8）完成表 3-1-2 中 6 个电桥的测量。

（9）关闭应变仪，将所用的实验仪器放回原位。

表 3-1-2 测量表中 6 个电桥的应变

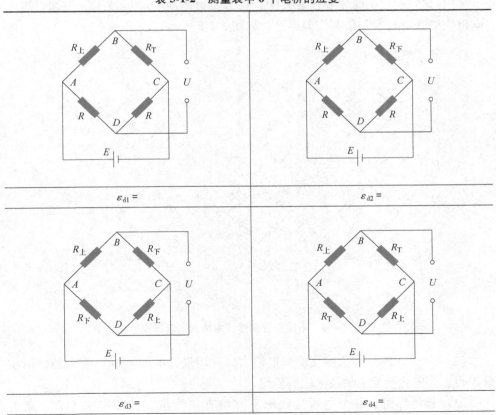

（续）

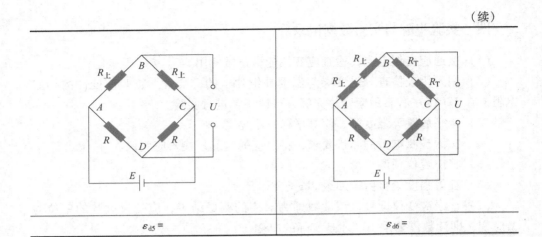

| $\varepsilon_{d5} =$ | $\varepsilon_{d6} =$ |
| --- | --- |

## 五、仿真实验

（1）运行材料力学实验仿真软件，点击"电阻应变测量技术"按钮，进入"电阻应变测量技术"仿真实验界面，如图 3-1-5 所示。

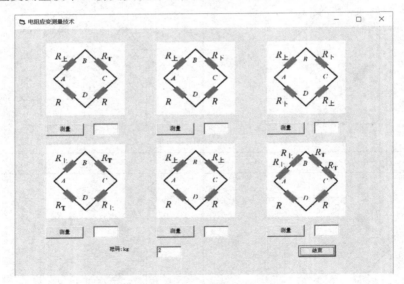

图 3-1-5　电阻应变测量技术仿真实验界面

（2）在"砝码"右边的文本框里输入砝码质量，单位为 kg，输入的砝码质量代表了在等强度梁上加载的砝码质量。

（3）软件界面上每个电桥接线图下方均有"测量"按钮与文本框，点击

"测量"按钮，文本框中显示的数字表示了该电桥输出的应变，单位为 $\mu\varepsilon$，即数据乘 $10^{-6}$ 为实际应变。

（4）依次点击 6 个电桥的"测量"按钮，记录 6 个电桥的应变，如图 3-1-6 所示。

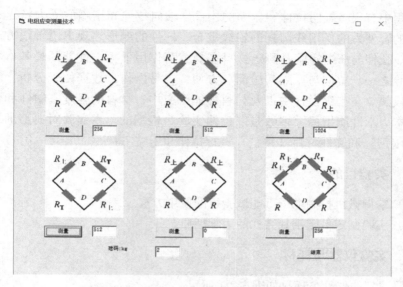

图 3-1-6　电阻应变测量技术仿真实验结果

（5）记录完所有数据后，点击软件界面的"结束"按钮，退出仿真软件。

## 六、思考题

（1）如果等强度梁没有水平放置，上表面应变与下表面应变绝对值是否一致？

（2）仿真实验中第 6 个电桥，应变仪读出的应变是两个应变的平均值还是应变之和？

（3）砝码加载位置对测量结果有何影响？

# 实验二  轴向拉伸与压缩

工程中有很多轴向拉伸和压缩的构件，轴向拉伸和压缩的受力特点是作用在杆上的合外力的作用线与杆的轴线重合，杆件的变形表现出沿轴线方向伸长或缩短。拉伸与压缩实验是测定材料在静载荷作用下力学性能的最基本和最重要的实验之一。拉伸与压缩实验简单方便，容易操作，数据便于分析，测试技术较为成熟。在工程设计中以及材料性能研究中，材料的强度、塑性和弹性模量等基本力学性能指标大多数是以拉伸实验为依据的。本实验对典型的塑性材料（低碳钢）和脆性材料（铸铁）进行拉伸和压缩实验。

## 一、实验目的

（1）掌握微机控制电子万能试验机的使用方法。
（2）实验测定低碳钢和铸铁的力学性质。

## 二、实验仪器与耗材

实验用到的仪器与耗材如表 3-2-1 所示。

**表 3-2-1　实验仪器与耗材**

| 序　号 | 名　称 |
| --- | --- |
| 1 | 微机控制电子万能试验机 |
| 2 | 引伸计 |
| 3 | 游标卡尺 |
| 4 | 低碳钢拉伸试件 |
| 5 | 低碳钢压缩试件 |
| 6 | 铸铁拉伸试件 |
| 7 | 铸铁压缩试件 |

## 三、实验原理

轴向拉伸或压缩实验，主要目的在于获得实验过程中的应力-应变曲线，根据应力-应变曲线分析出材料的力学性能。为了获得应力-应变曲线，首先应知道试件形状和尺寸，再根据加载的力以及试件变形即可得到应力-应变曲线。

### 1. 试件制备

试件的形状和尺寸对实验结果有一定的影响，为了使实验结果具有可比性，试件应该按照国家标准加工成标准试件，拉伸试件有比例试件和定标距试件两种，本实验采用的是比例试件，我们用长比例试件，$L_0 = 10d_0$，即标距等于 10 倍直径的圆材试件。试件标距部分与夹持部分采用圆弧过渡，以减少应力集中。压缩试件采用圆柱形试件，压缩时既要防止试件失稳，又要使试件的中间段为均匀单向压缩状态，因此试件尺寸一般为 $L_0 = (1 \sim 3.5)d_0$。

试件直径的测量方法：拉伸试件测定直径时在标距的两端和中间取三个截面，每个截面在相互垂直的方向测量一次直径，取算术平均值作为该截面的平均直径，再取三个截面中平均直径最小的（破坏时从应力最大的地方开始，因此直径最小的截面便是危险截面）作为拉伸试件的原始直径。压缩试件测定直径时在中间截面相互垂直的方向各测量一次直径，取算术平均值作为压缩试件的原始直径。

### 2. 试件上应力的测量

WDW-T100 型微机控制电子万能试验机（见图 3-2-1）量程为 $0 \sim 100$kN，力传感器为轮辐式拉压传感器，采用应变片作为力传感器，其弹性元件为四根应变梁。试验机配置位移传感器，变形传感器（可选择引伸计、千分表），能同时记录力-时间、变形-时间、力-变形、力-位移、应力-应变曲线，采样频率可根据需要进行设定（10Hz、25Hz、100Hz 等多个采样频率）。采用 PID（Proportional Integral Derivative）控制算法加载，等速控制误差 ≤5%，保压控制误差 ≤0.5%。加载时可根据需要选择位移控制模式、力控制模式、变形控制模式或程序控制模式。数据可保存为 ∗.txt 文件，也可保存为 ∗.xls 文件，便于后期的数据处理和分析。

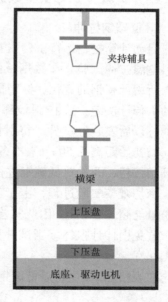

图 3-2-1　WDW-T100 型微机控制电子万能试验机结构示意图

万能材料试验机可以直接采集实验过程中施加在试件上的力 $F$，根据试件的截面形状和尺寸计算出试件的面积 $A$，根据 $F$ 和 $A$ 便可得到试件上的应力。

### 3. 试件变形和应变的测量

采用钢铁研究总院生产的 YYU-10/50 型电子引伸计，引伸计以应变片作为传感器，粘贴在引伸计的弹性元件上，测量出对应的变形，并将变形输出到计算机的变形采集接口。YYU-10/50 型电子引伸计应变片电阻值为 $350\Omega$，标距为 50mm，变形量为 10mm。使用时将引伸计刀刃夹持在试件上（使用橡皮筋捆绑），刀刃与试件接触时具有一定的接触压力，试件变形时，刀刃与试件接触点同步移动，因此试件的变形就可以准确地传递给引伸计，引伸计的弹性元件产生弯曲变形，粘贴在弹性元件上的应变片采集到对应的变化，将应变输出到计算机采集接口，经过软件计算可得到试件的变形量。

引伸计读出的是标距范围的总长度变化，根据引伸计读取的长度变化 $\Delta L$ 与标距长度 $L$，即可得到试件的应变 $\Delta L/L$。目前的万能材料试验机大多数配备有引伸计接口，引伸计读取的试件变形量可以由计算机即时采集，能够很好地与试验机读取的力信号同步，本实验采用引伸计读取拉伸实验过程中试件的变形量。

## 四、实验步骤与实验数据记录

### 1. 低碳钢拉伸

启动计算机，运行试验机控制软件，在右上方数据板下拉菜单中选择金属材料室温拉伸试验，在数据板中输入试件的尺寸信息：试件形状选圆材，直径输入所用低碳钢的直径，标距倍率选择 5.65，标距输入 50mm，标距长度由所使用的引伸计决定。在控制板部分选择位移控制模式，位移速度选择 2mm/min。选择好以后安装好试件，将引伸计安装在试件的中间部分，调整引伸计两个刀刃间的初始距离为 50mm。准备工作完成以后，将试验力、变形和位移调零，点击开始按钮，开始对低碳钢进行拉伸试验。

密切观察实验过程，由于低碳钢塑性很好，对于本实验使用的低碳钢，其伸长量能超过 30mm，因此实验过程中，材料进入强化阶段以后应及时取下引伸计，避免引伸计损坏。当试件被拉断以后，点击软件上的停止按钮，并将实验数据保存。

在表格 3-2-2 中记录低碳钢拉伸实验的数据。

表 3-2-2  低碳钢拉伸实验数据

| 原始长度 $L_0$/mm | | 原始直径 $d_0$/mm | |
|---|---|---|---|
| 屈服载荷 $F_s$/kN | | 屈服强度 $\sigma_s$/MPa | |
| 断裂载荷 $F_b$/kN | | 抗拉强度 $\sigma_b$/MPa | |
| 断后长度 $L$/mm | | 断后直径 $d$/mm | |
| 伸长率 $\delta$（%） | | 断面收缩率 $\psi$（%） | |

记录低碳钢拉伸试件的原始直径与原始长度；根据保存的实验数据，找出对应的屈服载荷与最大载荷；用游标卡尺测量试件的断后直径与断后长度。

**2. 铸铁拉伸**

启动计算机，运行试验机控制软件，在右上方数据板下拉菜单中选择金属材料室温拉伸试验，在数据板中输入试件的尺寸信息：试件形状选圆材，直径输入所用铸铁的直径，标距倍率选择 5.65，标距输入 50mm，标距长度由所使用引伸计决定。在控制板部分选择位移控制模式，位移速度选择 2mm/min。选择好以后安装好试件，将引伸计安装在试件的中间部分，调整引伸计两个刀刃间的初始距离为 50mm。准备工作完成以后，将试验力、变形和位移调零，点击开始按钮，开始对铸铁进行拉伸试验。当试件被拉断以后，点击软件上的停止按钮，并将实验数据保存。

在表格 3-2-3 中记录铸铁拉伸实验的数据。

表 3-2-3　铸铁拉伸实验数据

| 试件直径 $d$/mm | 最大载荷 $F$/kN | 抗拉强度 $\sigma_b$/MPa |
| --- | --- | --- |
| | | |

记录铸铁拉伸试件的原始直径；根据保存的实验数据，找出对应的最大载荷。

**3. 低碳钢压缩**

启动计算机，运行试验机控制软件，在右上方数据板下拉菜单中选择金属材料室温压缩试验，在数据板中输入试件的尺寸信息：试件形状选圆材，直径输入所用低碳钢的直径，输入低碳钢的高度。在控制板部分选择位移控制模式，位移速度选择 2mm/min。选择好以后安装好试件，准备工作完成以后，将试验力、变形和位移调零，点击开始按钮，开始对低碳钢进行压缩试验。密切观察实验过程，当加载到试件上的力大于 50kN 时，点击软件上的停止按钮，并将实验数据保存。

在表格 3-2-4 中记录低碳钢压缩实验的数据。

表 3-2-4　低碳钢压缩实验数据

| 试件直径 $d$/mm | 屈服载荷 $F$/kN | 屈服强度 $\sigma_s$/MPa |
| --- | --- | --- |
| | | |

记录低碳钢压缩试件的原始直径；根据保存的实验数据，找出对应的屈服载荷。

**4. 铸铁压缩**

启动计算机，运行试验机控制软件，在右上方数据板下拉菜单中选择金属材料室温压缩试验，在数据板中输入试件的尺寸信息：试件形状选圆材，直径输入所用铸铁的直径，输入铸铁的高度。在控制板部分选择位移控制模式，位移速度选择 2mm/min。选择好以后安装好试件，准备工作完成以后，将试验力、变形和位移调零，点击开始按钮，开始对铸铁进行压缩试验。当试件断裂以后，点击软件上的停止按钮，并将实验数据保存。

在表格 3-2-5 中记录铸铁压缩实验的数据。

表 3-2-5　铸铁压缩实验数据

| 试件直径 $d$/mm | 最大载荷 $F$/kN | 抗压强度 $\sigma_c$/MPa |
|---|---|---|
| | | |

记录铸铁压缩试件的原始直径；根据保存的实验数据，找出对应的最大载荷。

## 五、仿真实验

（1）运行材料力学实验仿真软件，点击"轴向拉伸与压缩"按钮，进入轴向拉伸与压缩实验仿真界面，如图 3-2-2 所示，该界面包含"低碳钢拉伸""铸铁拉伸""低碳钢压缩"和"铸铁压缩"四个仿真实验。

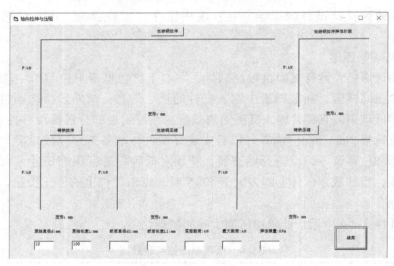

图 3-2-2　轴向拉伸与压缩实验仿真界面

（2）低碳钢拉伸实验仿真，首先在软件中输入低碳钢的原始直径与原始长度，点击"低碳钢拉伸"按钮，软件仿真出低碳钢拉伸过程的力-变形曲线，由于低碳钢拉伸时弹性阶段斜率较大，在软件界面的"低碳钢拉伸弹性阶段"图片框处将弹性阶段放大显示，仿真实验完成后，软件计算出了相应的断后直径、断后长度、屈服载荷、最大载荷和弹性模量，如图 3-2-3 所示。

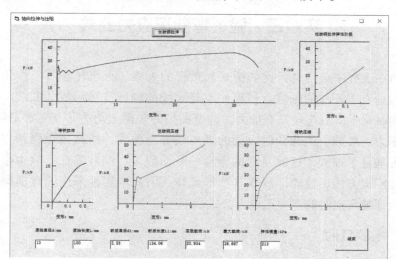

图 3-2-3 轴向拉伸与压缩仿真实验结果

（3）铸铁拉伸实验仿真，首先在软件中输入铸铁的原始直径与原始长度，点击"铸铁拉伸"按钮，软件仿真出铸铁拉伸过程的力-变形曲线，仿真实验完成后，软件计算出了相应的最大载荷与弹性模量，如图 3-2-3 所示。

（4）低碳钢压缩实验仿真，首先在软件中输入低碳钢的原始直径与原始长度，点击"低碳钢压缩"按钮，软件仿真出低碳钢压缩过程的力-变形曲线，仿真实验完成后，软件计算出了相应屈服载荷，如图 3-2-3 所示。

（5）铸铁压缩实验仿真，首先在软件中输入铸铁的原始直径与原始长度，点击"铸铁压缩"按钮，软件仿真出铸铁压缩过程的力-变形曲线，仿真实验完成后，软件计算出了相应最大载荷，如图 3-2-3 所示。

（6）点击"结束"按钮，退出仿真软件。

## 六、思考题

（1）实验测定的铸铁抗压强度是〔     〕MPa，抗拉强度是〔     〕MPa，两个强度比值是〔     〕，因此铸铁适用于受压构件。

（2）材料的弹性阶段服从〔       〕定律，在进入屈服阶段后不再服从〔       〕定律。

（3）衡量材料塑性的指标是〔          〕和〔          〕。

（4）什么叫冷作硬化？

# 实验三　验证弯曲正应力公式

弯曲在工程中很常见，比如桥式起重机的大梁、火车轮轴等。作用于杆件上的外力垂直于杆件的轴线，使得原本是直线的轴线变形后成为曲线。一般来说，弯曲时梁上既有弯矩又有剪力，纯弯曲指的是梁上剪力等于零，只有弯矩，因此弯矩为一常数。纯弯曲时，梁的纵向线变为弧线，横截面仍保持平面，横截面一直垂直于轴线，这就是弯曲变形的平面假设。纯弯曲在实验中很容易实现，并且能很方便、精确地观察其变形规律。因此本实验采用纯弯曲梁进行实验，并验证纯弯曲时的弯曲正应力公式。

## 一、实验目的

（1）掌握弯曲正应力的测量方法。
（2）验证弯曲正应力公式。

## 二、实验仪器

实验用到的仪器如表 3-3-1 所示。

表 3-3-1　实验仪器

| 序　号 | 名　　称 |
| --- | --- |
| 1 | 纯弯曲梁实验台 |
| 2 | 静态电阻应变仪 |
| 3 | 砝码 |
| 4 | 万用表 |

## 三、实验原理

采用如图 3-3-1 所示的纯弯曲梁实验台，梁 $CD$ 段处于纯弯曲状态，记砝码重力为 $G$，支座 $A$ 与 $B$ 处的约束力以及梁 $C$ 和 $D$ 处受到的压力均为 $F$，按图 3-3-1 中的几何关系可知

$$F = \frac{1}{2}\,\frac{G \times \overline{MK}}{\overline{HK}}$$ （3-3-1）

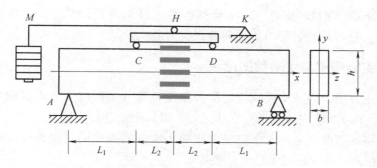

图 3-3-1  纯弯曲梁实验台

梁 $CD$ 段的弯矩为

$$M_{CD} = FL_1 = \frac{1}{2}\frac{G \times \overline{MK}}{HK}L_1 \tag{3-3-2}$$

因此，纯弯曲段（$CD$ 段）截面上任意位置的正应力为

$$\sigma = -\frac{M_{CD}}{I_z}y = -\frac{1}{2}\frac{G \times \overline{MK}}{HK \times I_z}L_1 y \tag{3-3-3}$$

式中，$I_z$ 为截面对 $z$ 轴的惯性矩，其大小可按定义通过积分得到：

$$I_z = \int y^2 \mathrm{d}A = \frac{1}{12}bh^3 \tag{3-3-4}$$

实验测量弯曲正应力的方法：在梁的表面粘贴应变片，首先测量应变，再利用胡克定律计算应力。如图 3-3-2 所示，在梁上沿 $y$ 方向均匀取 5 个位置，在梁的 $A$、$B$ 两面各粘贴 3 个应变片，梁的上、下表面各粘贴 1 个应变，共粘贴 8 个应变片。

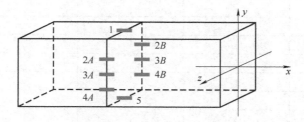

图 3-3-2  应变片粘贴示意图

利用粘贴的应变片可以读取梁在弯曲状态下的应变 $\varepsilon_i$，根据应变 $\varepsilon_i$ 和胡克定律可以得到梁沿 $y$ 方向 5 个位置的应力 $\sigma_i$，即

$$\sigma_i = E\varepsilon_i \tag{3-3-5}$$

$\sigma_i$ 即为实验测量的应力，将实验测量的应力 $\sigma_i$ 与理论推导的弯曲正应力公式（3-3-3）进行比较，即可验证弯曲正应力公式。

## 四、实验步骤与实验数据记录

（1）用万用表逐一检查纯弯曲梁与温度补偿片上的应变片，查验应变片的初始电阻，在 $120\Omega$ 左右表示应变片完好，可以正常进行实验。

（2）将纯弯曲梁上的 8 个应变片按照 1/4 桥的方式同时接在应变仪的 8 个通道上，在公共补偿端接上温度补偿片。

（3）安装好纯弯曲梁，调整梁的位置，使梁 CD 段处于纯弯曲状态。

（4）将实验台相关参数记录于表 3-3-2 中。

（5）打开应变仪，将应变仪调零。

（6）在 M 点位置加载 5kg 的砝码。

（7）依次记录 8 个位置的应变。

（8）重复加载 5 次，记录 5 组数据，将所有数据记录于表 3-3-3 中。

（9）关闭仪器，将所用的实验仪器放回原位。

实验过程中，为了减小误差，$\varepsilon_{2A}$ 与 $\varepsilon_{2B}$ 的平均值作为该位置的应变，同样 $\varepsilon_{3A}$ 与 $\varepsilon_{3B}$ 的平均值作为该位置的应变，$\varepsilon_{4A}$ 与 $\varepsilon_{4B}$ 的平均值作为该位置的应变。

表 3-3-2  实验台参数

| $L_1$/mm | $L_2$/mm | $b$/mm | $h$/mm | $E$/GPa | $\overline{MK}$/mm | $\overline{HK}$/mm |
|---|---|---|---|---|---|---|
| 250 | 40 | 9.8 | 29.3 | 206 | 300 | 90 |

表 3-3-3  实验测量的应变值/$\mu\varepsilon$

| | $\varepsilon_1$ | $\varepsilon_{2A}$ | $\varepsilon_{2B}$ | $\varepsilon_{3A}$ | $\varepsilon_{3B}$ | $\varepsilon_{4A}$ | $\varepsilon_{4B}$ | $\varepsilon_5$ |
|---|---|---|---|---|---|---|---|---|
| 第一组 | | | | | | | | |
| 第二组 | | | | | | | | |
| 第三组 | | | | | | | | |
| 第四组 | | | | | | | | |
| 第五组 | | | | | | | | |
| 平均值 | | | | | | | | |
| 标准差 | | | | | | | | |

## 五、仿真实验

（1）运行材料力学实验仿真软件，点击"验证弯曲正应力公式"按钮，进入验证弯曲正应力公式实验仿真界面。

（2）在软件界面的文本框中输入梁的尺寸参数，包括 $L_1$、$L_2$、$\overline{MK}$、$\overline{HK}$、$b$、$h$，输入梁的弹性模量 $E$ 及 $M$ 点载荷，如图 3-3-3 所示。

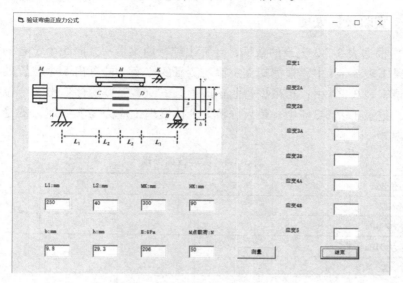

图 3-3-3　验证弯曲正应力公式实验仿真界面

（3）点击"测量"按钮，软件模拟输出了 8 个应变片的应变，如图 3-3-4 所示。

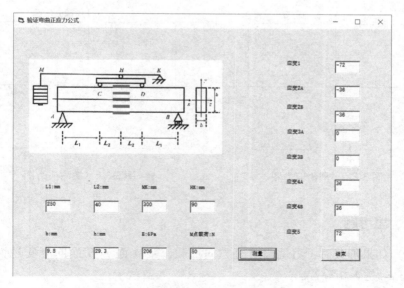

图 3-3-4　验证弯曲正应力公式仿真结果

（4）第 3 步重复进行 5 次，记录 5 次仿真实验的应变，将数据记录于表 3-3-3 中。

（5）点击"结束"按钮，退出仿真软件。

## 六、实验数据处理

（1）根据表 3-3-3 记录的数据，计算出纯弯曲梁沿 $y$ 方向 5 个位置的平均应变，记录于表 3-3-4 中；根据胡克定律与测量的应变，计算出 5 个位置的实测应力，记录于表 3-3-4 中；再根据弯曲正应力公式（3-3-3），计算出 5 个位置的理论应力，记录于表 3-3-4 中；最后分析 5 个位置理论应力与实测应力的绝对误差与相对误差。

表 3-3-4　实验数据处理

| 截面位置 | 1 | 2 | 3 | 4 | 5 |
|---|---|---|---|---|---|
| 应变/$\mu\varepsilon$ | | | | | |
| 实测应力/MPa | | | | | |
| 理论应力/MPa | | | | | |
| 应力绝对误差/MPa | | | | | |
| 应力相对误差（%） | | | | | |

（2）根据表 3-3-4 中数据，绘制梁截面沿 $y$ 方向的应力分布图，将理论应力与实测应力分别绘制于图 3-3-5 与图 3-3-6 中。

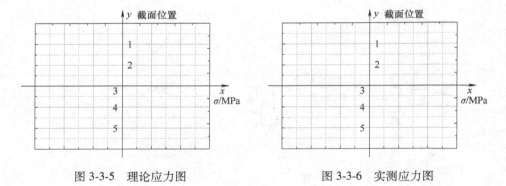

图 3-3-5　理论应力图　　　　　　　　图 3-3-6　实测应力图

## 七、思考题

（1）如果加载时，力偏离竖直方向加载，梁 $A$ 面和 $B$ 面的应变是否相等，即 $\varepsilon_{2A}$ 与 $\varepsilon_{2B}$ 是否相等？

（2）粘贴应变片时，没有粘贴到梁 $CD$ 的中间位置，对实验结果有何影响？

# 实验四 弯曲变形

弯曲应力仅仅表征了梁在弯曲时的强度指标，并没有考虑变形大小，工程中杆件在弯曲状态服役时，除了要求有足够的强度外，还要求有足够的刚度，即变形不能过大，比如吊车的梁，当变形过大时，梁上的小车会出现爬坡现象，行走很困难；车床主轴变形过大，将会导致磨损不均匀，引起噪声，降低主轴寿命。这些情况下虽然杆件强度足够，但是变形过大，也被认为失效，不能正常使用。也有的情况需要利用较大的弯曲变形，比如汽车的减振弹簧，就要求具有较大的变形，才能更好地起到缓冲减振作用。梁在弯曲时轴线变成了连续且光滑的曲线，称为挠曲线，挠曲线的值表示了梁横截面形心在垂直轴线方向的位移，这个位移称作挠度。截面形心在垂直轴线方向有位移的同时，梁横截面也会转动，转动的角度称为截面转角，横截面永远垂直梁的轴线。本实验采用外伸梁进行实验，测量外伸梁在横弯曲作用下的挠度与转角。

## 一、实验目的

（1）掌握梁在弯曲时挠度和转角的测量方法。
（2）验证外伸梁的挠度公式与转角公式。

## 二、实验仪器

实验用到的仪器如表 3-4-1 所示。

表 3-4-1　实验仪器

| 序　号 | 名　称 |
| --- | --- |
| 1 | 外伸梁 |
| 2 | 百分表（或电涡流传感器） |
| 3 | 砝码 |

## 三、实验原理

如图 3-4-1 所示的外伸梁，记 $A$ 点砝码重力为 $G$，则 $O$ 点与 $B$ 点支座约束力为 $G/2$，因此可以写出梁的弯矩方程：

$$\begin{cases} M_1 = \dfrac{G}{2}x & (0 \leqslant x \leqslant L_1) \\[2mm] M_2 = GL_1 - \dfrac{G}{2}x & (L_1 \leqslant x \leqslant 2L_1) \\[2mm] M_3 = 0 & (2L_1 \leqslant x \leqslant 2L_1 + L_2) \end{cases} \tag{3-4-1}$$

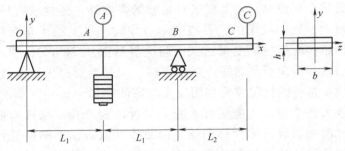

图 3-4-1  外伸梁实验台

根据材料力学理论，挠曲线的近似微分方程为

$$y'' = \frac{\mathrm{d}^2 y}{\mathrm{d}x^2} = \frac{M(x)}{EI_z} \tag{3-4-2}$$

根据式（3-4-2）可得到

$$EI_z y'' = M(x) \tag{3-4-3}$$

对式（3-4-3）积分得到梁的转角方程

$$EI_z \theta = EI_z y' = \int M(x)\,\mathrm{d}x + C \tag{3-4-4}$$

再对式（3-4-4）积分得到梁的挠曲线方程

$$EI_z y = \iint M(x)\,\mathrm{d}x\mathrm{d}x + Cx + D \tag{3-4-5}$$

由式（3-4-4）、式（3-4-5）可知，对弯矩方程一次积分可以得到转角方程，对弯矩方程二次积分可以得到挠曲线方程。

联合式（3-4-1）与式（3-4-4）可得图 3-4-1 所示外伸梁的转角为

$$\begin{cases} EI_z\theta_1 = EI_z y_1' = \displaystyle\int M_1\,\mathrm{d}x = \int \dfrac{G}{2}x\,\mathrm{d}x & (0 \leqslant x \leqslant L_1) \\[3mm] EI_z\theta_2 = EI_z y_2' = \displaystyle\int M_2\,\mathrm{d}x = \iint \left(GL_1 - \dfrac{G}{2}x\right)\mathrm{d}x & (L_1 \leqslant x \leqslant 2L_1) \\[3mm] EI_z\theta_3 = EI_z y_3' = \displaystyle\int M_3\,\mathrm{d}x = \int 0\mathrm{d}x & (2L_1 \leqslant x \leqslant 2L_1 + L_2) \end{cases}$$

$$\tag{3-4-6}$$

对式（3-4-6）计算、化简可得

$$\begin{cases} EI_z\theta_1 = \dfrac{G}{4}x^2 + C_1 & (0 \leqslant x \leqslant L_1) \\[2mm] EI_z\theta_2 = GL_1x - \dfrac{G}{4}x^2 + C_2 & (L_1 \leqslant x \leqslant 2L_1) \\[2mm] EI_z\theta_3 = C_3 & (2L_1 \leqslant x \leqslant 2L_1 + L_2) \end{cases} \tag{3-4-7}$$

对式（3-4-7）积分一次，可得图 3-4-1 所示外伸梁的挠曲线方程为

$$\begin{cases} EI_zy_1 = \displaystyle\int\left(\dfrac{G}{4}x^2 + C_1\right)\mathrm{d}x & (0 \leqslant x \leqslant L_1) \\[3mm] EI_zy_2 = \displaystyle\int\left(GL_1x - \dfrac{G}{4}x^2 + C_2\right)\mathrm{d}x & (L_1 \leqslant x \leqslant 2L_1) \\[3mm] EI_zy_3 = \displaystyle\int(C_3)\mathrm{d}x & (2L_1 \leqslant x \leqslant 2L_1 + L_2) \end{cases} \tag{3-4-8}$$

对式（3-4-8）计算、化简可得

$$\begin{cases} EI_zy_1 = \dfrac{G}{12}x^3 + C_1x + D_1 & (0 \leqslant x \leqslant L_1) \\[2mm] EI_zy_2 = -\dfrac{G}{12}x^3 + \dfrac{GL_1}{2}x^2 + C_2x + D_2 & (L_1 \leqslant x \leqslant 2L_1) \\[2mm] EI_zy_3 = C_3x + D_3 & (2L_1 \leqslant x \leqslant 2L_1 + L_2) \end{cases} \tag{3-4-9}$$

式（3-4-7）、式（3-4-9）的转角方程和挠曲线方程中包含任意常数，需要利用边界条件确定其中的任意常数。

当 $x = L_1$ 时 $\theta_1 = \theta_2 = 0$，当 $x = 2L_1$ 时 $\theta_2 = \theta_3$，将边界条件代入转角方程（3-4-7）中可得

$$\begin{cases} \dfrac{G}{4}L_1^2 + C_1 = 0 \\[2mm] GL_1^2 - \dfrac{G}{4}L_1^2 + C_2 = 0 \\[2mm] 2GL_1^2 - GL_1^2 + C_2 = C_3 \end{cases} \Rightarrow \begin{cases} C_1 = -\dfrac{G}{4}L_1^2 \\[2mm] C_2 = -\dfrac{3G}{4}L_1^2 \\[2mm] C_3 = \dfrac{G}{4}L_1^2 \end{cases} \tag{3-4-10}$$

因此转角方程为

$$\begin{cases} EI_z\theta_1 = \dfrac{G}{4}x^2 - \dfrac{G}{4}L_1^2 & (0 \leqslant x \leqslant L_1) \\[2mm] EI_z\theta_2 = GL_1x - \dfrac{G}{4}x^2 - \dfrac{3G}{4}L_1^2 & (L_1 \leqslant x \leqslant 2L_1) \\[2mm] EI_z\theta_3 = \dfrac{G}{4}L_1^2 & (2L_1 \leqslant x \leqslant 2L_1 + L_2) \end{cases} \tag{3-4-11}$$

当 $x=0$ 时 $y_1=0$，当 $x=2L_1$ 时 $y_2=y_3=0$，将边界条件代入挠曲线方程（3-4-9）中可得

$$\begin{cases} D_1=0 \\ -\dfrac{8G}{12}L_1^3+\dfrac{4GL_1}{2}L_1^2-\dfrac{6G}{4}L_1^3+D_2=0 \\ \dfrac{G}{2}L_1^3+D_3=0 \end{cases} \Rightarrow \begin{cases} D_1=0 \\ D_2=\dfrac{1}{6}GL_1^3 \\ D_3=-\dfrac{G}{2}L_1^3 \end{cases} \tag{3-4-12}$$

因此挠曲线方程为

$$\begin{cases} EI_zy_1=\dfrac{G}{12}x^3-\dfrac{G}{4}L_1^2x & (0\leqslant x\leqslant L_1) \\ EI_zy_2=-\dfrac{G}{12}x^3+\dfrac{GL_1}{2}x^2-\dfrac{3G}{4}L_1^2x+\dfrac{1}{6}GL_1^3 & (L_1\leqslant x\leqslant 2L_1) \\ EI_zy_3=\dfrac{G}{4}L_1^2x-\dfrac{1}{2}GL_1^3 & (2L_1\leqslant x\leqslant 2L_1+L_2) \end{cases} \tag{3-4-13}$$

式（3-4-11）为外伸梁的转角方程，式（3-4-13）为外伸梁的挠曲线方程，根据式（3-4-13）可以得到梁上 $A$ 点和 $C$ 点的挠度为

$$\begin{cases} y_A=-\dfrac{1}{6}\dfrac{GL_1^3}{EI_z} \\ y_C=\dfrac{1}{4}\dfrac{GL_1^2(2L_1+L_2)}{EI_z}-\dfrac{1}{2}\dfrac{GL_1^3}{EI_z} \end{cases} \tag{3-4-14}$$

根据式（3-4-11）可得梁上 $B$ 点转角为

$$\theta_B=\dfrac{G}{4EI_z}L_1^2 \tag{3-4-15}$$

实验测定 $A$ 点挠度的方法：在 $A$ 点安装百分表或电涡流传感器，加载前记录百分表或电涡流传感器初始读数 $d_0$，加载后 $A$ 点变形到新的位置 $A_1$，如图 3-4-2 所示，此时记录百分表或电涡流传感器读数 $d_1$，两次读数之差便是 $A$ 点挠度，即 $A$ 点挠度为 $y_A=d_1-d_0$。梁上其他各点的挠度均可采用该方法测量。

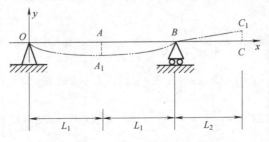

图 3-4-2　实验测量挠度与转角示意图

实验测定 $B$ 点转角的方法：如图 3-4-2，外伸梁 $BC$ 段弯矩为零，因此 $BC$ 段一直为直线状态，为了测量 $B$ 点转角，在 $C$ 点安装百分表或电涡流传感器，首先测量 $C$ 的挠度 $y_C$；梁弯曲后 $C$ 点变形到 $C_1$ 点，三角形 $BCC_1$ 为直角三角形，因此

$$\tan\theta_B = \frac{y_C}{BC} = \frac{y_C}{L_2} \qquad (3\text{-}4\text{-}16)$$

在角度很小的情况下，将 $\tan\theta_B$ 做泰勒展开，略去高阶项可得

$$\tan\theta_B = \theta_B \qquad (3\text{-}4\text{-}17)$$

因此

$$\theta_B = \frac{y_C}{L_2} \qquad (3\text{-}4\text{-}18)$$

式（3-4-18）即为实验测量 $B$ 点转角的方法。

## 四、实验步骤与实验数据记录

（1）安装好外伸梁，将实验台相关参数记录于表 3-4-2 中。
（2）将百分表安装在梁的 $A$ 点和 $C$ 点。
（3）记录百分表的初始读数。
（4）在 $A$ 点加载 3kg 的砝码。
（5）记录百分表的读数，计算出对应的挠度。
（6）重复加载 5 次，将所有数据记录于表 3-4-3 中。
（7）关闭仪器，将所用的实验仪器放回原位。

表 3-4-2  实验台参数

| $L_1$/mm | $L_2$/mm | $b$/mm | $h$/mm | $E$/GPa |
|---|---|---|---|---|
| 250 | 250 | 20 | 8 | 206 |

表 3-4-3  挠度实验数据

| | $A$ 点挠度/mm | $C$ 点挠度/mm |
|---|---|---|
| 第一组 | | |
| 第二组 | | |
| 第三组 | | |
| 第四组 | | |
| 第五组 | | |
| 平均值 | | |
| 标准差 | | |

## 五、仿真实验

（1）运行材料力学实验仿真软件，点击"弯曲变形"按钮，进入弯曲变形实验仿真界面。

（2）在软件界面的文本框中输入梁的尺寸参数，包括 $L_1$、$L_2$、$b$、$h$，输入梁的弹性模量 $E$ 及 $A$ 点载荷，如图 3-4-3 所示。

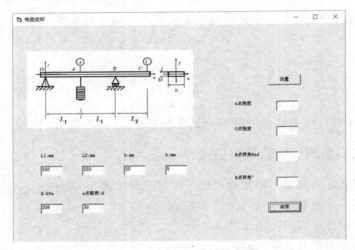

图 3-4-3　弯曲变形实验仿真软件界面

（3）点击"测量"按钮，软件输出了 $A$ 点挠度、$C$ 点挠度与 $B$ 点转角，如图 3-4-4 所示。

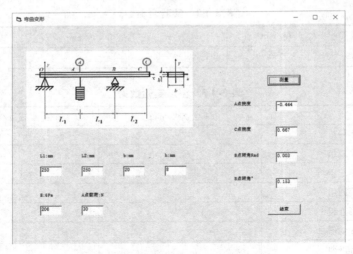

图 3-4-4　弯曲变形实验仿真结果

（4）第3步重复进行5次，记录5次仿真实验的数据，数据记录于表3-4-3中。

（5）点击"结束"按钮，退出仿真软件。

## 六、实验数据处理

根据表3-4-3记录的数据计算出 A 点挠度、C 点挠度和 B 点转角，填写于表3-4-4中，与理论值进行比较并分析误差。

表3-4-4　挠度与转角实验结果分析

|  | A 点挠度/mm | C 点挠度/mm | B 点转角/rad | B 点转角/（°） |
|---|---|---|---|---|
| 实验值 |  |  |  |  |
| 理论值 |  |  |  |  |
| 绝对误差 |  |  |  |  |
| 相对误差（%） |  |  |  |  |

## 七、思考题

（1）在安装实验台时，若砝码加载位置偏离 A 点，向左偏离时，测量的 A 点挠度、C 点挠度与 B 点转角有什么变化？

（2）安装百分表时，如果没有沿着竖直方向安装，对读取的挠度有何影响？

# 实验五　偏心压缩

在服役过程中，构件并不是简单的轴向拉伸或压缩，也不是简单的扭转，也不是单一的纯弯曲或者横弯曲，往往是几种变形的组合形式。比如在进行压缩实验时，由于仪器的误差，或者试件没能放置在压盘正中心（理论上来说很难放置于正中心），均会造成偏心，此时的变形状态便是压缩与弯曲的组合变形。比如房梁的立柱，受到的力也是偏心的，桥梁的桥墩受到的力也是偏心的，均表现出组合变形的特点。常见的组合变形有轴向拉压与弯曲组合变形、弯曲与扭转组合变形，以及拉伸、弯曲、扭转三种变形的组合。本实验进行圆柱的偏心压缩实验，所使用的试件为圆柱形试件，所受到的压力是偏心的，即力的作用线与试件轴线平行，但是不重合，并且力的作用点未知。

## 一、实验目的

（1）通过实验确定圆柱侧表面上各点的纵向应变服从什么分布规律。
（2）通过实验测定试件的弹性模量 $E$ 与泊松比 $\mu$。
（3）通过实验测定压力的作用点坐标 $(x_0, y_0)$。
（4）通过实验确定横截面上的弯矩。

## 二、实验仪器

实验用到的仪器如表 3-5-1 所示。

表 3-5-1　实验仪器

| 序　号 | 名　称 |
|:---:|:---:|
| 1 | 微机控制电子万能试验机 |
| 2 | 圆柱形低碳钢试件 |
| 3 | 静态电阻应变仪 |
| 4 | 万用表 |

## 三、实验原理

建立如图 3-5-1 所示的坐标系，横截面上的 $x$ 轴和 $y$ 轴为形心主惯性轴，纵向压力 $F$ 的作用点为 $(x_0, y_0)$，将偏心压力 $F$ 向轴线（$z$ 轴）简化，即将力平移到与 $z$ 轴重合，平移后试件上的受力可等效为一个轴向压力 $F$ 与两个弯矩 $M_x =$

$Fy_0$、$M_y = Fx_0$ 之和，因此试件上任意一点的正应力可以看作轴向压应力与弯曲正应力之和。

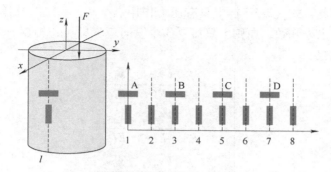

图 3-5-1　圆柱试件受力图与应变片粘贴分布图

由轴向压力引起的正应力为

$$\sigma' = -\frac{F}{A} \tag{3-5-1}$$

由弯矩 $M_x$ 引起的弯曲正应力为

$$\sigma'' = \frac{M_x y}{I_x} = -\frac{Fy_0 y}{I_x} \tag{3-5-2}$$

由弯矩 $M_y$ 引起的弯曲正应力为

$$\sigma''' = \frac{M_y x}{I_y} = -\frac{Fx_0 x}{I_y} \tag{3-5-3}$$

试件上任意一点的正应力为

$$\sigma = \sigma' + \sigma'' + \sigma''' = -\frac{F}{A} - \frac{Fy_0 y}{I_x} - \frac{Fx_0 x}{I_y} \tag{3-5-4}$$

试件在纵向压力与弯矩的作用下处于单向应力状态，应用胡克定律可得到试件上任意一点的纵向应变为

$$\varepsilon = \frac{\sigma}{E} = -\frac{F}{EA} - \frac{Fy_0 y}{EI_x} - \frac{Fx_0 x}{EI_y} \tag{3-5-5}$$

式（3-5-5）表示了圆柱形试件在偏心压力作用下纵向应变与压力及压力作用点的关系。

在进行偏心压缩实验时，压力作用点 $(x_0, y_0)$ 未知，材料弹性模量 $E$ 也是未知的，并且需要实验测定压力作用点与材料的弹性模量，因此，由式（3-5-5）出发，讨论如何根据实验数据确定压力作用点与弹性模量。

式（3-5-5）中，纵向应变 $\varepsilon$ 可以由应变仪测得，为已知数据；惯性矩 $I_x$、

$I_y$ 仅与截面形状有关，可以通过惯性矩的定义计算，为已知数据；$x$、$y$ 为应变片的坐标，粘贴应变片时已经确定，为已知数据；压力 $F$ 由万能试验机读出，为已知数据；因此，式（3-5-5）中只有压力作用点（$x_0$, $y_0$）以及弹性模量 $E$ 未知，为了求解出未知数，原则上只需要 3 个纵向应变即可，根据三个纵向应变，可以得到方程组

$$\begin{cases} \varepsilon_1 = -\dfrac{F}{EA} - \dfrac{Fy_0y_1}{EI_x} - \dfrac{Fx_0x_1}{EI_y} \\[2mm] \varepsilon_2 = -\dfrac{F}{EA} - \dfrac{Fy_0y_2}{EI_x} - \dfrac{Fx_0x_2}{EI_y} \\[2mm] \varepsilon_3 = -\dfrac{F}{EA} - \dfrac{Fy_0y_3}{EI_x} - \dfrac{Fx_0x_3}{EI_y} \end{cases} \tag{3-5-6}$$

解方程组（3-5-6），即可得到压力作用点（$x_0$, $y_0$）与材料的弹性模量 $E$，根据压力点的坐标可进一步确定截面上的弯矩，最后将求解的未知数代回式（3-5-5）可以得到圆柱侧表面的应变分布规律。

泊松比定义为

$$\mu = \left| \frac{\varepsilon_横}{\varepsilon_纵} \right| \tag{3-5-7}$$

根据粘贴的应变片，测量出对应的横向应变与纵向应变，即可计算出材料的泊松比。

虽然可以通过求解方程组（3-5-6）的方法完成本实验，但是求解方程的过程较为烦琐，下面介绍应用 MATLAB 软件中"lsqcurvefit"函数求解的方法。

对式（3-5-5）中的变量做如下变换，即令

$$\begin{cases} I = I_x = I_y \\ x = R\cos\alpha \\ y = R\sin\alpha \\ x_0 = r\cos\theta \\ y_0 = r\sin\theta \end{cases} \tag{3-5-8}$$

将式（3-5-8）代入式（3-5-5）得

$$\begin{aligned} \varepsilon = \frac{\sigma}{E} &= -\frac{F}{EA} - \frac{Fy_0y}{EI_x} - \frac{Fx_0x}{EI_y} \\[2mm] &= -\frac{F}{EA} - \frac{F}{EI}Rr\sin\alpha\sin\theta - \frac{F}{EI}Rr\cos\alpha\cos\theta \\[2mm] &= -\frac{F}{EA} - \frac{F}{EI}Rr\cos(\alpha-\theta) \end{aligned} \tag{3-5-9}$$

式（3-5-9）中令

$$\begin{cases} a = -\dfrac{F}{EA} \\ b = -\dfrac{FRr}{EI} \\ c = -\theta \end{cases} \qquad (3\text{-}5\text{-}10)$$

因此，式（3-5-9）变为

$$\varepsilon = a + b\cos(\alpha + c) \qquad (3\text{-}5\text{-}11)$$

显然，式（3-5-11）中 $\varepsilon$ 与 $\alpha$ 为余弦函数关系，参考本书第二篇第六节中应用 MATLAB 的 "lsqcurvefit" 函数，可以方便快捷地求解出式（3-5-11）中的未知数 $a$、$b$、$c$，求解出 $a$、$b$、$c$ 之后，联合式（3-5-8）、式（3-5-10）即可求解出压力作用点 $(x_0, y_0)$ 与材料的弹性模量 $E$。

### 四、实验步骤与实验数据记录

（1）用万用表逐一检查圆柱形试件与温度补偿片上的应变片，查验应变片的初始电阻，在 120Ω 左右表示应变片完好，可以正常进行实验。

（2）将应变片连接到应变仪上，按照 1/4 桥接线方法连接，在公共补偿端连接温度补偿片，连接好应变仪后打开应变仪。

（3）打开万能试验机电源，启动计算机，运行万能试验机控制软件。

（4）记录试件直径，将试件放置于万能试验机下压盘上，放置试件时有微小偏心即可，要严格控制偏心量，切不可使偏心量过大，避免出现危险事件（若偏心量过大，在实验过程中试件有被挤出来的可能）。

（5）调整万能试验机上压盘与试件上表面的初始间隙，大约 5mm 即可，特别要注意的是，在调整初始间隙时，试验机上压盘不可以直接撞击试件，直接撞击试件有可能损坏万能试验机的传感器。

（6）在万能试验机控制软件界面将力、位移、变形调零，采用力控制模式，加载速度设置为 1kN/s。

（7）对试件预加载到 5kN，具体操作方法为：点击万能试验机控制软件界面的"开始"按钮，在力保持目标文本框内输入"5"，再点击"应用"按钮，操作完成后，万能试验机开始加载。

（8）待控制软件上力稳定为 5kN 时，表明试件上加载的力达到 5kN，这时将应变仪数据调零。

（9）加载到 55kN，具体操作方法为：在万能试验机控制软件界面的力保持目标文本框内输入"55"，点击"应用"按钮，操作完成后万能试验机继续对试件加载。

（10）待控制软件上力稳定为 55kN 时，表明试件上加载的力达到 55kN，开始记录应变仪的数据，将应变仪上 8 个纵向应变与 4 个横向应变（A、B、C、D）的数据记录于表 3-5-2 中。

（11）卸载，具体操作方法为：点击万能试验机控制软件界面上的"停止"按钮，再将万能材料试验机上压盘向上移动，直到上压盘离开试件表面。

（12）重复 5~11 步，重复加载 5 次，记录 5 组数据。需要注意的是重复加载时不能移动试件，目的是保证 5 组实验均在试件的同一作用点加载。

（13）关闭仪器，将所用的实验仪器放回原位。

直径：$D =$ __50__ mm          纵向压力：$F =$ __50__ kN

表 3-5-2　实验数据记录　　　　　　　　（单位：$\mu\varepsilon$）

| | 1 | 2 | 3 | 4 | 5 | 6 | 7 | 8 | A | B | C | D |
|---|---|---|---|---|---|---|---|---|---|---|---|---|
| 第一组 | | | | | | | | | | | | |
| 第二组 | | | | | | | | | | | | |
| 第三组 | | | | | | | | | | | | |
| 第四组 | | | | | | | | | | | | |
| 第五组 | | | | | | | | | | | | |
| 平均值 | | | | | | | | | | | | |
| 标准差 | | | | | | | | | | | | |

## 五、仿真实验

（1）运行材料力学实验仿真软件，点击"偏心压缩"按钮，进入偏心压缩实验仿真界面。

（2）软件界面上的作用点模式指的是纵向压力 F 的作用点如何确定，有随机模式与指定模式两种，指定模式状态下，压力 F 的作用点位置由软件界面上"作用点 x"与"作用点 y"文本框内的数据指定，该状态可以观察圆柱表面应变与压力作用点的关系。随机模式状态下，压力 F 的作用点由软件随机生成，该模式用于仿真实验过程。

（3）在软件界面输入纵向压力的大小，单位为 kN；输入圆柱的直径，单位为 mm；作用点模式选择随机模式，如图 3-5-2 所示。

（4）点击"测量"按钮，软件输出了 12 个应变值，分别为 8 个纵向应变与 4 个横向应变，如图 3-5-3 所示。将应变数据记录于表 3-5-2 中。

（5）重复步骤 4，记录 5 组数据。

（6）点击"结束"按钮，退出实验。

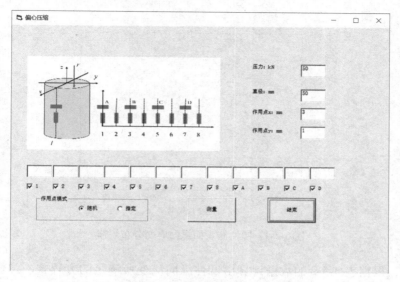

图 3-5-2　偏心压缩实验仿真软件界面

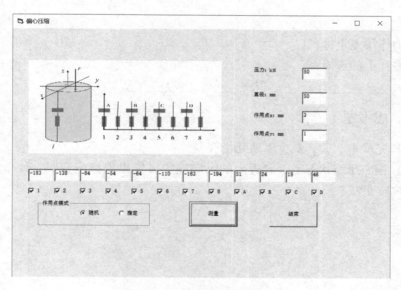

图 3-5-3　偏心压缩仿真实验结果

## 六、实验数据处理

（1）根据表 3-5-2 记录的 8 个纵向应变，以横轴为应变片编号，纵轴为应变值，将 8 个纵向应变的值绘于图 3-5-4 中，观察圆柱侧表面的纵向应变分布规律。

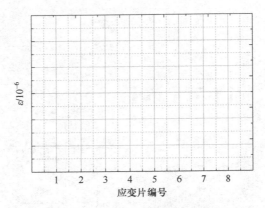

图 3-5-4　圆柱侧表面纵向应变分布规律

（2）根据表 3-5-2 的数据计算出试件纵向应变所满足的方程式、弹性模量、泊松比、纵向压力作用点与横截面上的弯矩。

$\varepsilon =$（　　　　　　　　）+（　　　　　　　　）$x$ +（　　　　　　　　）$y$

$E =$ ＿＿＿＿＿＿＿＿＿　　$\mu =$ ＿＿＿＿＿＿＿＿＿

压力作用点坐标：（　　　　　　，　　　　　　　）

横截面上的弯矩：

$M_x =$ ＿＿＿＿＿＿＿＿＿　　$M_y =$ ＿＿＿＿＿＿＿＿＿

## 七、思考题

（1）完成本实验，最少需要几个应变片？

（2）偏心压缩状态下，侧表面的纵向应变可能出现拉应变吗？什么情况下能出现拉应变？

# 实验六　平面应力状态测量

　　杆件在受力后其应力状态可能是单向应力状态，也可能是二向应力状态或三向应力状态。比如轴向拉伸和压缩以及纯弯曲，构件处于单向应力状态；圆柱或者圆筒扭转时，构件处于二向应力状态；滚珠轴承中，滚珠与外圈的接触面上则处于三向应力状态。本实验采用薄壁圆筒，弯扭组合变形状态处于二向应力状态，利用电测法测量其主应力与主方向。

## 一、实验目的

（1）掌握利用应变花测主应力的方法。
（2）测定薄壁圆筒表面的主应力大小及方向。
（3）验证弯扭组合变形的主应力公式。

## 二、实验仪器

实验用到的仪器如表 3-6-1 所示。

表 3-6-1　实验仪器

| 序　号 | 名　称 |
| --- | --- |
| 1 | 弯扭组合变形实验台 |
| 2 | 静态电阻应变仪 |

## 三、实验原理

　　如图 3-6-1 所示，在载荷 $F$ 作用下，薄壁圆筒既受到弯矩的作用也受到扭矩的作用，处于弯扭组合变形状态。应变花粘贴于圆筒上表面 $A$ 点，根据图中尺寸可知，$A$ 点处弯矩 $M$ 和扭矩 $T$ 分别为

$$M = FL_2 \tag{3-6-1}$$

$$T = FL_1 \tag{3-6-2}$$

薄壁圆筒外径为 $D$、内径为 $d$，圆筒的极惯性矩为

$$I_\mathrm{p} = \int_{d/2}^{D/2} \rho^2 \mathrm{d}A = \frac{\pi}{32}(D^4 - d^4) \tag{3-6-3}$$

因此，圆筒外表面 $A$ 点的切应力为

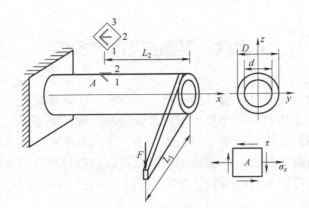

图 3-6-1 薄壁圆筒弯扭组合变形实验台示意图

$$\tau = \frac{T}{I_p} \times \frac{D}{2} = \frac{16FL_1D}{\pi(D^4-d^4)} \tag{3-6-4}$$

圆筒对 $y$ 轴的惯性矩为

$$I_y = \int_{d/2}^{D/2} z^2 \mathrm{d}A = \frac{\pi}{64}(D^4 - d^4) \tag{3-6-5}$$

因此，圆筒外表面 $A$ 点的正应力 $\sigma_x$ 为

$$\sigma_x = \frac{M}{I_y}z = \frac{FL_2}{\frac{\pi}{64}(D^4-d^4)} \frac{D}{2} = \frac{32FL_2D}{\pi(D^4-d^4)} \tag{3-6-6}$$

根据材料力学计算主应力与主方向的公式

$$\begin{cases} \sigma_{\max} = \dfrac{\sigma_x+\sigma_y}{2} + \sqrt{\left(\dfrac{\sigma_x-\sigma_y}{2}\right)^2 + \tau^2} \\[3mm] \sigma_{\min} = \dfrac{\sigma_x+\sigma_y}{2} - \sqrt{\left(\dfrac{\sigma_x-\sigma_y}{2}\right)^2 + \tau^2} \\[3mm] \tan 2\alpha_0 = -\dfrac{2\tau}{\sigma_x-\sigma_y} \end{cases} \tag{3-6-7}$$

可以得到对应的主应力与主方向。图 3-6-1 所示的薄壁圆筒在弯扭组合变形状态下，圆筒外表面 $A$ 点的正应力 $\sigma_y = 0$，因此在计算主应力与主方向时，令式（3-6-7）中的 $\sigma_y = 0$ 即可。由式（3-6-4）、式（3-6-6）和式（3-6-7）可得 $A$ 点主应力与主方向为

$$\begin{cases} \sigma_{\max} = \dfrac{16FD}{\pi(D^4-d^4)}\left(L_2+\sqrt{L_2^2+L_1^2}\right) \\[3mm] \sigma_{\min} = \dfrac{16FD}{\pi(D^4-d^4)}\left(L_2-\sqrt{L_2^2+L_1^2}\right) \\[3mm] \tan2\alpha_0 = -\dfrac{L_1}{L_2} \end{cases} \tag{3-6-8}$$

式（3-6-8）为薄壁圆筒 $A$ 点主应力与主方向的理论值。

实验测定主应力与主方向的方法：根据材料力学，若某点沿 $x$ 方向的线应变为 $\varepsilon_x$，沿 $y$ 方向的线应变为 $\varepsilon_y$，切应变为 $\gamma$，则该点沿任意方向 $\varphi$ 的线应变 $\varepsilon_\varphi$ 为

$$\varepsilon_\varphi = \frac{\varepsilon_x+\varepsilon_y}{2}+\frac{\varepsilon_x-\varepsilon_y}{2}\cos2\varphi-\frac{\gamma}{2}\sin2\varphi \tag{3-6-9}$$

由式（3-6-9）可知，$\varepsilon_x$、$\varepsilon_y$ 与 $\gamma$ 是三个重要的应变，实验测试时应首先测量这三个应变，因此在该点粘贴 45°应变花，即沿 $-45°$、$0°$、$45°$ 三个方向各贴一个应变片，可以得到三个方向的应变，将三个应变数据分别代入式（3-6-9）可得到关于 $\varepsilon_x$、$\varepsilon_y$ 与 $\gamma$ 的三元一次方程组

$$\begin{cases} \varepsilon_{-45°} = \dfrac{\varepsilon_x+\varepsilon_y}{2}+\dfrac{\varepsilon_x-\varepsilon_y}{2}\cos(-90°)-\dfrac{\gamma}{2}\sin(-90°) \\[3mm] \varepsilon_{0°} = \dfrac{\varepsilon_x+\varepsilon_y}{2}+\dfrac{\varepsilon_x-\varepsilon_y}{2}\cos0°-\dfrac{\gamma}{2}\sin0° \\[3mm] \varepsilon_{45°} = \dfrac{\varepsilon_x+\varepsilon_y}{2}+\dfrac{\varepsilon_x-\varepsilon_y}{2}\cos90°-\dfrac{\gamma}{2}\sin90° \end{cases} \tag{3-6-10}$$

由式（3-6-10）可以解出

$$\begin{cases} \varepsilon_x = \varepsilon_{0°} \\[2mm] \varepsilon_y = \varepsilon_{45°}+\varepsilon_{-45°}-\varepsilon_{0°} \\[2mm] \gamma = \varepsilon_{-45°}-\varepsilon_{45°} \end{cases} \tag{3-6-11}$$

式（3-6-11）为采用实验手段测量出的 $\varepsilon_x$、$\varepsilon_y$ 与 $\gamma$。

由于 $\varepsilon_x$、$\varepsilon_y$ 与 $\gamma$ 均已通过实验手段获得，可以对式（3-6-9）进行进一步的应用，式（3-6-9）表示的应变 $\varepsilon_\varphi$ 是关于方向 $\varphi$ 的函数，其最大值和最小值便是其主应变，最大值和最小值对应的方向便是主方向，因此根据式（3-6-9）可以得到主应变和主方向为

$$
\begin{cases}
\varepsilon_{\max} = \dfrac{\varepsilon_x + \varepsilon_y}{2} + \sqrt{\left(\dfrac{\varepsilon_x - \varepsilon_y}{2}\right)^2 + \left(\dfrac{\gamma}{2}\right)^2} \\[3mm]
\varepsilon_{\min} = \dfrac{\varepsilon_x + \varepsilon_y}{2} - \sqrt{\left(\dfrac{\varepsilon_x - \varepsilon_y}{2}\right)^2 + \left(\dfrac{\gamma}{2}\right)^2} \\[3mm]
\tan 2\alpha_0 = -\dfrac{\gamma}{\varepsilon_x - \varepsilon_y}
\end{cases}
\tag{3-6-12}
$$

将式（3-6-11）代入式（3-6-12）可得到对应主应变和主方向

$$
\begin{cases}
\varepsilon_{\max} = \dfrac{\varepsilon_{45°} + \varepsilon_{-45°}}{2} + \dfrac{\sqrt{2}}{2}\sqrt{\left(\varepsilon_{0°} - \varepsilon_{-45°}\right)^2 + \left(\varepsilon_{0°} - \varepsilon_{-45°}\right)^2} \\[3mm]
\varepsilon_{\min} = \dfrac{\varepsilon_{45°} + \varepsilon_{-45°}}{2} - \dfrac{\sqrt{2}}{2}\sqrt{\left(\varepsilon_{0°} - \varepsilon_{-45°}\right)^2 + \left(\varepsilon_{0°} - \varepsilon_{-45°}\right)^2} \\[3mm]
\tan 2\alpha_0 = -\dfrac{\varepsilon_{-45°} - \varepsilon_{45°}}{2\varepsilon_{0°} - \varepsilon_{45°} - \varepsilon_{-45°}}
\end{cases}
\tag{3-6-13}
$$

广义胡克定律为

$$
\begin{cases}
\sigma_{\max} = \dfrac{E}{1-\mu^2}\left(\varepsilon_{\max} + \mu\varepsilon_{\min}\right) \\[3mm]
\sigma_{\min} = \dfrac{E}{1-\mu^2}\left(\varepsilon_{\min} + \mu\varepsilon_{\max}\right)
\end{cases}
\tag{3-6-14}
$$

联合式（3-6-13）与式（3-6-14）可得到对应主应力和主方向

$$
\begin{cases}
\sigma_{\max} = \dfrac{E}{1-\mu^2}\left[\dfrac{1+\mu}{2}\left(\varepsilon_{45°} + \varepsilon_{-45°}\right) + \dfrac{1-\mu}{\sqrt{2}}\sqrt{\left(\varepsilon_{0°} - \varepsilon_{-45°}\right)^2 + \left(\varepsilon_{0°} - \varepsilon_{-45°}\right)^2}\right] \\[3mm]
\sigma_{\min} = \dfrac{E}{1-\mu^2}\left[\dfrac{1+\mu}{2}\left(\varepsilon_{45°} + \varepsilon_{-45°}\right) - \dfrac{1-\mu}{\sqrt{2}}\sqrt{\left(\varepsilon_{0°} - \varepsilon_{-45°}\right)^2 + \left(\varepsilon_{0°} - \varepsilon_{-45°}\right)^2}\right] \\[3mm]
\tan 2\alpha_0 = -\dfrac{\varepsilon_{-45°} - \varepsilon_{45°}}{2\varepsilon_{0°} - \varepsilon_{45°} - \varepsilon_{-45°}}
\end{cases}
\tag{3-6-15}
$$

式（3-6-15）便是实验测量的主应力和主方向。

## 四、实验步骤与实验数据记录

（1）用万用表逐一检查薄壁圆筒表面与温度补偿片上的应变片，查验应变片的初始电阻，电阻在 $120\Omega$ 左右表示应变片完好，可以正常进行实验。

（2）将 $-45°$、$0°$ 和 $45°$ 方向应变片连接到应变仪上，按照 1/4 桥接线方法连接，在公共补偿端连接温度补偿片，连接好应变仪后打开应变仪。

（3）安装好弯扭组合实验台。将实验台参数记录于表 3-6-2 中。

（4）将应变仪调零。

（5）对薄壁圆筒加载 80N 的力。

（6）依次记录三个方向的应变于表 3-6-3 中。

（7）卸载。

（8）重复加载 5 次，记录 5 组数据。

（9）关闭仪器，将所用的实验仪器放回原位。

表 3-6-2  弯扭组合实验台参数

| $L_1$/mm | $L_2$/mm | $D$/mm | $d$/mm | $E$/GPa | $\mu$ |
|---|---|---|---|---|---|
| 230 | 230 | 40.2 | 38.4 | 210 | 0.28 |

表 3-6-3  平面应力状态实验数据记录　　　　（单位：$\mu\varepsilon$）

| | $\varepsilon_{-45°}$ | $\varepsilon_{0°}$ | $\varepsilon_{45°}$ |
|---|---|---|---|
| 第一组 | | | |
| 第二组 | | | |
| 第三组 | | | |
| 第四组 | | | |
| 第五组 | | | |
| 平均值 | | | |
| 标准差 | | | |

## 五、仿真实验

（1）运行材料力学实验仿真软件，点击"平面应力状态"按钮，进入平面应力状态实验仿真界面。

（2）在软件界面输入弯扭组合实验台参数，包括圆筒内径 $d$、圆筒外径 $D$、加载力臂 $L_1$、应变片粘贴位置 $L_2$，如图 3-6-2 所示。

（3）在载荷文本框内输入载荷，点击"测量"按钮，软件模拟出 45°、0° 和 −45° 三个方向的应变，如图 3-6-3 所示。

（4）重复步骤 3，记录 5 组数据。

（5）点击"结束"按钮，退出仿真软件。

## 六、实验数据处理

（1）根据表 3-6-3 的实验数据计算圆筒表面 $A$ 点的主应力与主方向，记录于表 3-6-4 中。

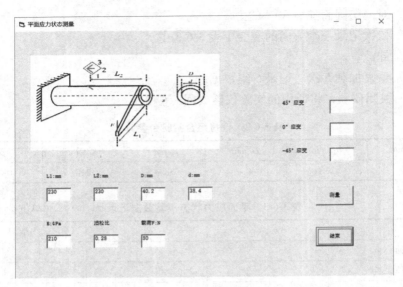

图 3-6-2 平面应力状态实验仿真软件界面

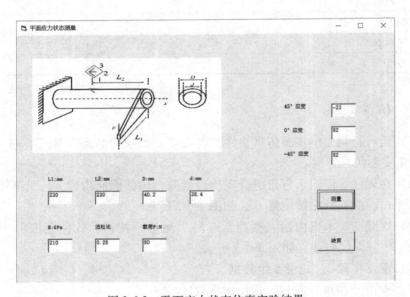

图 3-6-3 平面应力状态仿真实验结果

（2）根据式（3-6-8）计算圆筒表面 A 点的主应力与主方向，记录于表 3-6-4 中。

（3）计算误差。

表 3-6-4 平面应力状态实验结果

| | $\sigma_{max}/MPa$ | $\sigma_{min}/MPa$ | $\alpha_0/(°)$ |
|---|---|---|---|
| 实验值 | | | |
| 理论值 | | | |
| 绝对误差 | | | |
| 相对误差（%） | | | |

## 七、思考题

（1）本实验采用了-45°、0°和45°三个方向的应变片完成实验，可否利用其他角度的应变片完成本实验？如果可以，写出对应的计算公式及推导过程。

（2）如果将弯扭组合实验台布置为纯扭转实验台，即弯矩为零的情况，可否用更少的应变片测量圆筒表面的主应力与主方向？

# 实验七 扭 转

构件在受到扭矩作用时形成扭转变形，比如搅拌机的轴、汽车传动轴、电动机主轴、机床传动轴均处于扭转变形状态。圆截面等直杆件的扭转是工程中最常见的扭转情况，也是最简单的扭转问题。本实验采用薄壁圆筒进行扭转实验。

## 一、实验目的

（1）验证纯扭转状态时轴线方向与圆周线方向无应变。

（2）测定薄壁圆筒扭转时的切应变。

（3）测定薄壁圆筒的剪切弹性模量 $G$。

## 二、实验仪器

实验用到的仪器如表 3-7-1 所示。

表 3-7-1　实验仪器

| 序　号 | 名　　称 |
| --- | --- |
| 1 | 薄壁圆筒扭转实验台 |
| 2 | 砝码 |
| 3 | 静态电阻应变仪 |

## 三、实验原理

剪切胡克定律可写为

$$\tau = G\gamma \tag{3-7-1}$$

式中，$\tau$ 为切应力；$G$ 为剪切弹性模量；$\gamma$ 为切应变。

根据式（3-7-1），若要测量材料的剪切弹性模量，只需要测量出切应力与切应变即可。

如图 3-7-1 所示的薄壁圆筒，在载荷 $F$ 的作用下，其扭矩为

$$T = FL \tag{3-7-2}$$

薄壁圆筒外径为 $D$，内径为 $d$，因此圆筒的极惯性矩为

$$I_{\mathrm{p}} = \int_{d/2}^{D/2} \rho^2 \mathrm{d}A = \frac{\pi}{32}(D^4 - d^4) \tag{3-7-3}$$

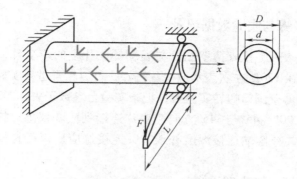

图 3-7-1 薄壁圆筒扭转实验台

因此，圆筒任一点的切应力为

$$\tau = \frac{T}{I_p}\rho = \frac{32FL}{\pi(D^4-d^4)}\rho \qquad (3\text{-}7\text{-}4)$$

式（3-7-4）中令 $\rho=D/2$，可得到圆筒外表面的切应力为

$$\tau = \frac{T}{I_p} \times \frac{D}{2} = \frac{16FLD}{\pi(D^4-d^4)} \qquad (3\text{-}7\text{-}5)$$

对于切应变 $\gamma$ 的测量，根据材料力学，若某点沿 $x$ 方向的线应变为 $\varepsilon_x$，沿 $y$ 方向的线应变为 $\varepsilon_y$，切应变为 $\gamma$，则该点沿任意方向 $\varphi$ 的线应变 $\varepsilon_\varphi$ 为

$$\varepsilon_\varphi = \frac{\varepsilon_x+\varepsilon_y}{2} + \frac{\varepsilon_x-\varepsilon_y}{2}\cos2\varphi - \frac{\gamma}{2}\sin2\varphi \qquad (3\text{-}7\text{-}6)$$

在薄壁圆筒外表面沿轴线的 ±45° 方向各粘贴一枚应变片，读取 ±45° 方向的应变，代入式（3-7-6）可得

$$\begin{cases} \varepsilon_{-45°} = \dfrac{\varepsilon_x+\varepsilon_y}{2} + \dfrac{\varepsilon_x-\varepsilon_y}{2}\cos(-90°) - \dfrac{\gamma}{2}\sin(-90°) \\[2mm] \varepsilon_{45°} = \dfrac{\varepsilon_x+\varepsilon_y}{2} + \dfrac{\varepsilon_x-\varepsilon_y}{2}\cos90° - \dfrac{\gamma}{2}\sin90° \end{cases} \qquad (3\text{-}7\text{-}7)$$

由式（3-7-7）可以解出

$$\gamma = \varepsilon_{-45°} - \varepsilon_{45°} \qquad (3\text{-}7\text{-}8)$$

式（3-7-8）表示了实验测量切应变的方法。联合式（3-7-1）、式（3-7-5）与式（3-7-8）可得

$$G = \frac{\tau}{\gamma} = \frac{16FLD}{\pi(D^4-d^4)(\varepsilon_{-45°}-\varepsilon_{45°})} \qquad (3\text{-}7\text{-}9)$$

式（3-7-9）即为实验测量薄壁圆筒剪切弹性模量的方法。

## 四、实验步骤与实验数据记录

（1）用万用表逐一检查薄壁圆筒与温度补偿片上的应变片，查验应变片的初始电阻，电阻在 $120\Omega$ 左右表示应变片完好，可以正常进行实验。

（2）安装好薄壁圆筒扭转实验台，记录实验台参数于表 3-7-2 中。

（3）将 $0°$、$90°$、$45°$ 与 $-45°$ 方向应变片连接到应变仪上，按照 1/4 桥接线方法连接，在公共补偿端连接温度补偿片，连接好应变仪后打开应变仪，将应变仪调零。

（4）对薄壁圆筒加载 50N 的力。

（5）依次记录 4 个方向的应变于表 3-7-3 中。

（6）卸载。

（7）重复加载 5 次，记录 5 组数据。

（8）关闭仪器，将所用的实验仪器放回原位。

表 3-7-2　扭转实验台参数

| $L/\text{mm}$ | $D/\text{mm}$ | $d/\text{mm}$ |
|---|---|---|
| 300 | 47.52 | 46.4 |

表 3-7-3　扭转实验数据　　　　（单位：$\mu\varepsilon$）

| | $\varepsilon_{0°}$ | $\varepsilon_{90°}$ | $\varepsilon_{-45°}$ | $\varepsilon_{45°}$ |
|---|---|---|---|---|
| 第一组 | | | | |
| 第二组 | | | | |
| 第三组 | | | | |
| 第四组 | | | | |
| 第五组 | | | | |
| 平均值 | | | | |
| 标准差 | | | | |

## 五、仿真实验

（1）运行材料力学实验仿真软件，点击"扭转"按钮，进入扭转实验仿真界面。

（2）在仿真软件界面输入圆筒参数，包括圆筒内径 $d$、圆筒外径 $D$、力臂长度 $L$，如图 3-7-2 所示。

（3）输入载荷，点击"测量"按钮，软件输出 $0°$、$90°$、$45°$ 和 $-45°$ 方向的应变，如图 3-7-3 所示。

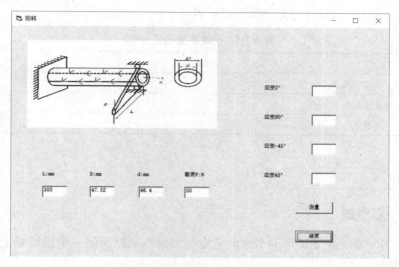

图 3-7-2 扭转实验仿真软件界面

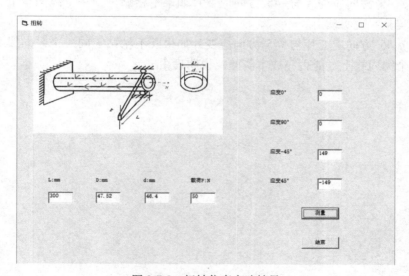

图 3-7-3 扭转仿真实验结果

（4）重复步骤 3，记录 5 组实验数据。

（5）点击"结束"按钮，退出仿真软件。

## 六、实验数据处理

（1）根据表 3-7-3 记录的实验数据，完成表 3-7-4 的内容，验证 0°、90°方向应变与理论值误差。

（2）计算出切应变与剪切弹性模量 $G$。

表 3-7-4　扭转实验结果分析

| | $\varepsilon_{0°}$ | $\varepsilon_{90°}$ |
|---|---|---|
| 实验应变/$\mu\varepsilon$ | | |
| 理论应变/$\mu\varepsilon$ | | |
| 绝对误差/$\mu\varepsilon$ | | |

$\gamma = $ _____

$G = $ _____

## 七、思考题

（1）45°方向应变片与-45°方向应变片如果不粘贴于同一个圆周线上，能否完成本实验？说明理由。

（2）45°方向应变片与-45°方向应变片如果不粘贴于同一个纵向线上，能否完成本实验？说明理由。

（3）45°方向应变片与-45°方向应变片如果既不粘贴于同一个纵向线上也不在同一个圆周线上，能否完成本实验？说明理由。

# 实验八　压杆稳定

细长杆在受到轴向压力时，细长杆轴线不能维持原有直线形状的平衡状态称为失去稳定，简称失稳。取一个细长杆，在轴向压力 $F$ 的作用下，对杆施加一个横向干扰力使其处于微微弯曲状态，如果 $F$ 不超过临界值，撤去干扰力以后，杆能够恢复原有的直线平衡状态，表明原有的直线平衡状态是稳定的；当 $F$ 超过临界值后，撤去干扰力，细长杆只能在一定的弯曲变形程度下平衡，甚至不能恢复原状，表明原有的直线平衡状态是不稳定的。这个临界力便是压杆失稳的临界力。

## 一、实验目的

（1）观察细长杆在轴向压力下的失稳现象。
（2）验证压杆临界力的欧拉公式。

## 二、实验仪器

实验用到的仪器见表 3-8-1。

表 3-8-1　实验仪器

| 序　号 | 名　称 |
| --- | --- |
| 1 | 压杆稳定实验台 |
| 2 | 百分表（或电涡流传感器） |
| 3 | 砝码 |

## 三、实验原理

如图 3-8-1 所示，细长杆 $OC$ 两端铰支，在 $C$ 点施加轴向压力 $F$，假设细长杆 $OC$ 在 $F$ 作用下处于微微弯曲状态，如图 3-8-2 所示。

$OC$ 杆在 $x$ 截面处的挠度记为 $y$，则其弯矩为

$$M(x) = -Fy \tag{3-8-1}$$

挠曲线近似微分方程为

$$EI_z \frac{\mathrm{d}^2 y}{\mathrm{d}x^2} = -Fy \tag{3-8-2}$$

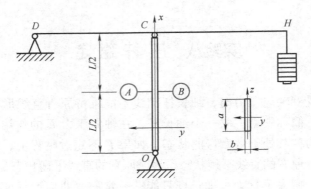

图 3-8-1　压杆稳定实验台

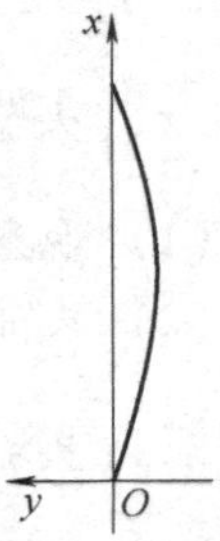

令

$$k^2 = \frac{F}{EI_z} \tag{3-8-3}$$

因此，式（3-8-2）可写为

$$\frac{\mathrm{d}^2 y}{\mathrm{d}x^2} + k^2 y = 0 \tag{3-8-4}$$

显然微分方程（3-8-4）的通解为

$$y = A\sin kx + B\cos kx \tag{3-8-5}$$

图 3-8-2　细长杆微微
弯曲状态示意图

根据边界条件，当 $x=0$ 时，$y=0$，因此可得 $B=0$，
式（3-8-5）变成

$$y = A\sin kx \tag{3-8-6}$$

再根据边界条件，当 $x=l$ 时，$y=0$，因此可得 $A=0$ 或者 $\sin kl=0$。若 $A=0$，则 $y\equiv0$，表明杆没有任何弯曲，显然不符合杆已经微微弯曲的条件，因此 $A\neq0$，所以只能是 $\sin kl=0$。要使得 $\sin kl=0$，$kl$ 必须满足 $kl=n\pi$，将式（3-8-3）代入该条件可得

$$\sqrt{\frac{F}{EI_z}}\, l = n\pi \tag{3-8-7}$$

由式（3-8-7）可得

$$F = \frac{n^2\pi^2 EI_z}{l^2} \tag{3-8-8}$$

若 $n=0$，则 $F=0$，显然与所讨论情况不符，因此 $n$ 不能取 0，当 $n$ 取大于 0 的整数时，总有对应的 $F$ 存在。既然讨论临界力，那么最小的 $F$ 便是其临界力，因此 $n$ 取 1，所以压杆的临界力为

$$F = \frac{\pi^2 EI_z}{l^2} \tag{3-8-9}$$

将式（3-8-3）、式（3-8-9）代入挠曲线方程（3-8-6）可得

$$y = A\sin\left(\frac{\pi}{l}x\right) \tag{3-8-10}$$

因此，杆 $OC$ 在 $x = l/2$ 时具有最大挠度。

式（3-8-9）推导的临界力是两端铰支情况下的值，对于其他约束情况，可将长度因数 $\mu$ 加上，因此临界力公式可写为

$$F = \frac{\pi^2 EI_z}{(\mu l)^2} \tag{3-8-11}$$

式（3-8-11）称为细长杆临界力的欧拉公式。式（3-8-11）中的 $\mu$ 称为长度因数，两端铰支时取 1；一端固定一端自由时取 2；一端固定一端铰支时取 0.7；两端固定时取 0.5，这就是常见的几种约束情况及对应的长度因数。$\mu l$ 相当于两端铰支压杆的半波正弦曲线的长度，称为相当长度。

上述推导过程中，压杆是理想压杆，在轴向力小于临界力时，挠度恒等于 0，但是实际情况中，压杆总有微小的初始弯曲，压力也会存在偏心，因此在轴向压力小于临界力时，挠度也不等于 0，会随着压力变化。

压杆失稳时的 $F\text{-}y_{\max}$（力-最大挠度）曲线分析：

（1）在推导细长杆欧拉公式的过程中，采用了近似的挠曲线微分方程，得出小于临界力时，挠度等于零；大于临界力时，挠度不等于零，但是求解时却无法给出挠度的具体值，因此得到压杆的 $F\text{-}y_{\max}$ 曲线为图 3-8-3 中的 $OAC$。

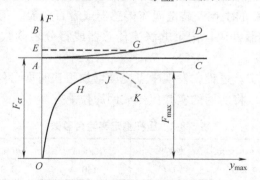

图 3-8-3  细长杆的力-最大挠度曲线

（2）如果采用挠曲线的精确微分方程，则可以求解出大于临界力时挠度的具体数值，得到压杆的 $F\text{-}y_{\max}$ 曲线为图 3-8-3 中的 $OAD$。

（3）图 3-8-3 所示的 $F\text{-}y_{\max}$ 曲线称为压杆的平衡路径，它清楚显示了压杆的稳定性与失稳后的特性。当 $F \leqslant F_{\text{cr}}$ 时，压杆只有一条平衡路径 $OA$，即直线平衡是稳定的。当 $F > F_{\text{cr}}$ 时，平衡路径分为 $AB$ 和 $AD$，其中直线平衡状态 $AB$ 是不稳

定的，该路径上任意点 $E$ 一经微弯干扰将不能恢复原状，而达到 $AD$ 路径上同一 $F$ 值对应的 $G$ 点，变成弯曲平衡状态。理想压杆的这种失稳称为分支点失稳。

（4）当然，无论是采用近似微分方程还是精确微分方程，所得的 $F\text{-}y_{max}$ 曲线在实验上都很难观察到。由于压杆的材料不均匀，也可能存在压力偏心的现象，另外压杆也存在初始曲率等因素，实际压杆不可能完全符合中心受压的理想情况，因此得不到理想的 $F\text{-}y_{max}$ 曲线。实际曲线如图 3-8-3 中的 $OHJK$，该曲线无平衡分支现象。一经受压，无论力多小，即处于弯曲变形的平衡状态。当 $F \leqslant F_{cr}$ 时，处于路径 $OHJ$ 上的任意点，施加使其弯曲变形微增的干扰，然后撤除，仍能恢复原状（当处于弹性变形范围时），或虽不能完全恢复但仍能在原有压力下处于平衡状态（如已发生塑性变形），该路径上平衡状态是稳定的。$JK$ 为下降路径，该路径上的平衡是不稳定的，一旦施加使其弯曲变形微增的干扰，如果不减小压力，压杆不能维持平衡而被压溃。非理想压杆的这种失稳称为极值点失稳。压力 $F_{max}$ 称为失稳极值压力，要比理想压杆的临界力 $F_{cr}$ 小。

在小挠度情况下，精确解的曲线与近似解的曲线很接近，因此在小挠度情况下，近似解得到的临界力是具有实际意义的。在实验观察失稳现象时，对于非理想压杆，用失稳极值压力 $F_{max}$ 代表压杆失稳的临界力。

## 四、实验步骤与实验数据记录

（1）安装好压杆稳定实验台，记录实验台参数于表 3-8-2 中。

（2）在压杆 $OC$ 的中点安装电涡流传感器或者百分表，记录初始读数。

（3）在 $H$ 点加载砝码，记录电涡流传感器或百分表读数，计算挠度，将数据记录于表 3-8-3 中。

（4）仔细观察实验过程，发现中点挠度增加很快时即可停止加载。

（5）关闭仪器，将所用的实验仪器放回原位。

表 3-8-2　压杆稳定实验台参数

| $L/\text{mm}$ | $a/\text{mm}$ | $b/\text{mm}$ | $\overline{DC}/\text{mm}$ | $\overline{DH}/\text{mm}$ | $E/\text{GPa}$ |
|---|---|---|---|---|---|
| 260 | 19.8 | 0.7 | 150 | 300 | 206 |

表 3-8-3　压杆稳定实验数据记录

|  | $H$ 点载荷/N | $C$ 点载荷/N | 传感器读数/mm | 中点挠度/mm |
|---|---|---|---|---|
| 0 | 0 | 0 |  | 0 |
| 1 |  |  |  |  |
| 2 |  |  |  |  |

（续）

| | H 点载荷/N | C 点载荷/N | 传感器读数/mm | 中点挠度/mm |
|---|---|---|---|---|
| 3 | | | | |
| 4 | | | | |
| 5 | | | | |
| 6 | | | | |
| 7 | | | | |
| 8 | | | | |
| 9 | | | | |
| 10 | | | | |

## 五、仿真实验

（1）运行材料力学实验仿真软件，点击"压杆稳定"按钮，进入压杆稳定实验仿真界面。

（2）在软件界面输入实验台参数，包括矩形截面细长杆的宽度 $a$、厚度 $b$、长度 $L$、加载杠杆 $DC$ 及 $DH$ 长度、细长杆约束系数以及细长杆弹性模量 $E$，如图 3-8-4 所示。

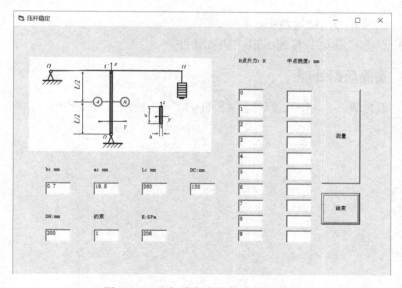

图 3-8-4　压杆稳定实验仿真软件界面

（3）点击"测量"按钮，软件界面输出 H 点外力对应的中点挠度（指 OC

杆中点挠度），如图 3-8-5 所示。在进行仿真实验时，若得到的挠度-外力曲线不够理想，可以修改 H 点外力，修改完 H 点外力后再次点击"计算挠度"按钮，可以重新计算出对应的挠度，直至得到想要的挠度-外力曲线为止。

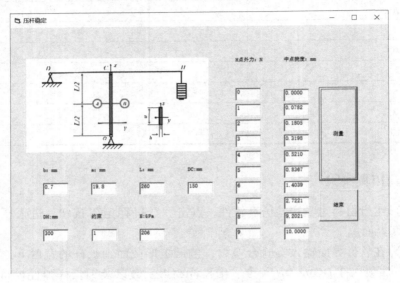

图 3-8-5　压杆稳定仿真实验结果

（4）记录外力与挠度数据。

（5）点击"结束"按钮，退出仿真软件。

## 六、实验数据处理

（1）根据表 3-8-3 中数据，绘制压杆的 $F\text{-}y_{\max}$ 曲线（图 3-8-6）。

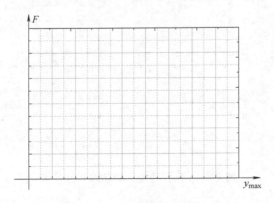

图 3-8-6　压杆的 $F\text{-}y_{\max}$ 曲线

（2）根据表 3-8-3 中数据，分析压杆的临界力，并与理论值进行比较，数据记录于表 3-8-4 中。

表 3-8-4 压杆的临界力

|  | 实验值/N | 理论值/N | 绝对误差/N | 相对误差（%） |
| --- | --- | --- | --- | --- |
| 压杆临界力 |  |  |  |  |

## 七、思考题

若百分表或者电涡流传感器没有安装到 *OC* 杆的中点位置，能否顺利测量出压杆的临界力？

# 实验九   静 不 定 梁

梁的约束力可以通过平衡方程求解时，属于静定梁。在工程实际中，为了提高梁的刚度，或因构造上的需要，往往在静定梁上增加约束，这时支座约束力的数目将多于平衡方程的数目，仅仅由静力学平衡方程不能完全求解出支座约束力，这种梁就称为静不定梁或者超静定梁。记平衡方程的数目为 $m$，支座约束力数目为 $n$，则 $n-m$ 就是超静定次数。由于支座约束力多于平衡方程数目，若要求解全部的支座约束力必须要列出 $n-m$ 个附加方程才能求解。

## 一、实验目的

测定静不定梁支座约束力，并与理论值进行比较。

## 二、实验仪器

实验用到的仪器如表 3-9-1 所示。

表 3-9-1   实验仪器

| 序　号 | 名　　　称 |
|---|---|
| 1 | 静不定梁实验台 |
| 2 | 百分表（电涡流传感器） |
| 3 | 砝码 |

## 三、实验原理

图 3-9-1 所示的梁 $OB$，$O$ 点为固定端约束，有 3 个约束力，$B$ 点可按照活动

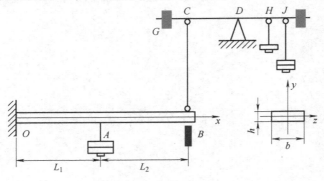

图 3-9-1   静不定梁实验台

铰支座处理，有 1 个约束力，因此梁有 4 个约束力，而平衡方程只有 3 个，因此该梁属于静不定梁。

为了求出 $B$ 点处的约束力，可以采用如下方法：

（1）首先去掉 $B$ 点处的约束力，认为 $B$ 点是自由端，梁可看作是 $O$ 点固定端约束的悬臂梁，在 $A$ 点外力的作用下，可以求解梁的挠曲线方程，进而求解出 $B$ 点的挠度。

（2）然后在 $B$ 点加外力，当 $B$ 点受外力作用后，该点挠度也随之改变，当 $B$ 点再次回到原来位置，即 $B$ 点挠度再次等于零时，这时所加外力就是所求的支座约束力。

求解时，$B$ 点挠度可按照叠加法进行求解：

$$y = y_{FA} + y_{FB} \tag{3-9-1}$$

将 $F_A$ 和 $F_B$ 单独作用时 $B$ 点的挠度代入式（3-9-1），可得

$$y = y_{FA} + y_{FB}$$
$$= -\frac{F_A(L_1)^2}{6EI_z}(2L_1 + 3L_2) + \frac{F_B(L_1 + L_2)^3}{3EI_z} \tag{3-9-2}$$

由式（3-9-2）可知，给定 $A$ 点的载荷的 $F_A$，当式（3-9-2）中 $y = 0$ 时，$F_B$ 便是所需求解的 $B$ 点支座约束力。

实验时为了加载方便，对 $B$ 点加载采用了杠杆机构 $CDHG$，按图 3-9-1 所示，实验时对 $B$ 点施加的外力 $F_B$ 可由下式计算：

$$F_B = \frac{F_J \times \overline{DJ} + F_H \times \overline{DH}}{\overline{CD}} \tag{3-9-3}$$

## 四、实验步骤与实验数据记录

（1）按图 3-9-1 安装静不定梁实验台，记录实验台参数于表 3-9-2 中。

（2）在 $B$ 点安装电涡流传感器或者百分表，调整电涡流传感器或者百分表的初始位置，保证在整个实验过程中 $B$ 点位移均在传感器的测量范围内。

（3）$A$ 点不加载；对 $B$ 点加载的杠杆机构处于平衡，且对 $B$ 点没有力的作用，使梁轴线处于水平位置，记录电涡流传感器或百分表的读数。

（4）在 $A$ 点加 2kg 砝码。

（5）在杠杆机构 $H$ 点和 $J$ 点加砝码，调整 $H$ 点位置（即调整力臂 $DH$ 的长度），观察电涡流传感器或者百分表读数，当 $B$ 点回到原始位置时记录加载的砝码重力与力臂。

（6）记录 $A$ 点载荷、杠杆机构尺寸、$H$ 点载荷与 $J$ 点载荷，记录于表 3-9-3 中。

（7）关闭仪器，将所用的实验仪器放回原位。

表 3-9-2　静不定梁实验台参数

| $L_1$/mm | $L_2$/mm | $b$/mm | $h$/mm | $E$/GPa |
|---|---|---|---|---|
| 250 | 250 | 8 | 20 | 206 |

表 3-9-3　静不定梁实验数据

| $A$ 点载荷/N | |
|---|---|
| $H$ 点载荷/N | |
| $J$ 点载荷/N | |
| 力臂 $CD$/mm | |
| 力臂 $DH$/mm | |
| 力臂 $DJ$/mm | |

## 五、仿真实验

（1）运行材料力学实验仿真软件，点击"静不定梁"按钮，进入静不定梁实验仿真界面。

（2）在仿真软件界面输入实验台参数，包括梁宽度、厚度、梁长度 $L_1$ 及 $L_2$、梁弹性模量 $E$、加载杠杆 $CD$ 长度、加载杠杆 $DJ$ 长度，如图 3-9-2 所示。

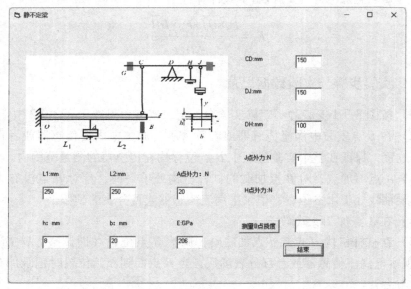

图 3-9-2　静不定梁实验仿真软件界面

（3）*A* 点、*H* 点与 *J* 点未加载时，*B* 点挠度为零。在 *A* 点载荷文本框内输入所加载荷，*A* 点加载后，*B* 点在 *A* 点载荷下挠度为负值。

（4）在"*J* 点外力"文本框内输入 *J* 点载荷，在"*H* 点外力"文本框内输入 *H* 点载荷，调节 *DH* 的长度，点击"测量 *B* 点挠度"按钮，软件输出 *B* 点在该受力状态下的挠度，调节上述三个参数，直至 *B* 点挠度为零，如图 3-9-3 所示。

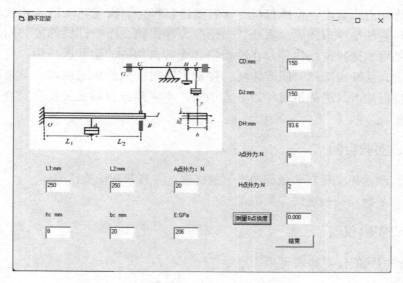

图 3-9-3　静不定梁仿真实验结果

（5）记录所加外力与杠杆长度，计算出对应的 *B* 点约束力。

（6）点击"结束"按钮，退出仿真软件。

## 六、实验数据处理

根据力矩平衡方程（3-9-3）及表 3-9-3 中的数据计算出 *B* 点的力，这个力便是静不定梁 *B* 点的支座约束力，将实验值与理论值进行比较并分析误差，填入表 3-9-4 中。

表 3-9-4　*B* 点约束力及误差

|  | 实验值/N | 理论值/N | 绝对误差/N | 相对误差（%） |
|---|---|---|---|---|
| *B* 点约束力 |  |  |  |  |

## 七、思考题

如果安装百分表时没有安装为竖直方向，对实验结果有何影响？为什么？

# 实验十　动荷挠度

锻造时，锻锤与锻件接触的时间非常短暂，速度会发生很大的变化，这种现象称为冲击或撞击。重锤打桩、铆钉枪进行铆接、高速转动的飞轮或者砂轮突然刹车等都是冲击问题。重锤、飞轮等为冲击物，而被打桩的桩和固定连接飞轮的轴是承受冲击的构件。在冲击物和受冲击构件的接触区域内，应力状态非常复杂，且冲击持续时间非常短，接触力随时间的变化难以准确分析，这些因素都使得冲击问题的精确计算非常困难。本实验进行简支梁在受到冲击时的挠度测量。

## 一、实验目的

（1）测量简支梁在动载荷冲击下的挠度，并且和理论值比较。

（2）掌握动荷挠度的实验测定方法。

## 二、实验仪器

实验用到的仪器如表 3-10-1 所示。

表 3-10-1　实验仪器

| 序　号 | 名　　称 |
| --- | --- |
| 1 | 动荷挠度实验台 |
| 2 | 电涡流传感器 |

## 三、实验原理

冲击问题的精确计算非常困难，用能量法近似求解冲击问题比较方便易行，该方法概念简单，并且能大致估算出冲击时的位移和应力。

如图 3-10-1 所示的简支梁，在动载荷作用时可看作一个弹簧。假设重锤的重力为 $P$，重锤一旦和梁接触，认为重锤和梁形成一个共同运动的整体，忽略梁的质量，只考虑其弹性，系统便简化为一个单自由度的运动系统。设重锤下落的高度为 $H$，自由落下到与梁接触时，其瞬时动能为 $T$，由于梁的阻抗，当梁变形达到最大位置时，系统的速度为零，梁的变形为 $\Delta_d$。整个冲击过程机械能守恒，因此重物损失的能量完全转换为梁的应变能，即

$$T + P\Delta_d = \frac{1}{2} F_d \Delta_d \qquad (3\text{-}10\text{-}1)$$

式中，$T$ 为重锤与梁接触时重锤的瞬时动能；$P\Delta_d$ 为接触后重锤下落过程的重力势能；$F_d$ 为冲击过程的动载荷；$\frac{1}{2} F_d \Delta_d$ 为梁储存的应变能。

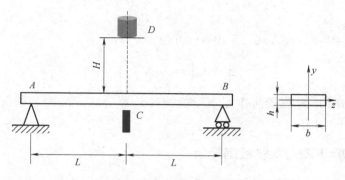

图 3-10-1　动荷挠度实验台

如果重锤以静载荷 $P$ 的方式作用于梁上，梁的静变形和静应力分别为 $\Delta_{st}$、$\sigma_{st}$；在动载荷 $F_d$ 的作用下，对应的变形和应力分别为 $\Delta_d$、$\sigma_d$。在线弹性范围内，载荷、变形及应力均成正比，即

$$\frac{F_d}{P} = \frac{\Delta_d}{\Delta_{st}} = \frac{\sigma_d}{\sigma_{st}} \qquad (3\text{-}10\text{-}2)$$

因此

$$F_d = P \frac{\Delta_d}{\Delta_{st}} \qquad (3\text{-}10\text{-}3)$$

将式（3-10-3）代入式（3-10-1），得到

$$T + P\Delta_d = \frac{1}{2} \frac{\Delta_d^2}{\Delta_{st}} P \qquad (3\text{-}10\text{-}4)$$

将式（3-10-4）变形得到

$$\Delta_d^2 - 2\Delta_{st}\Delta_d - \frac{2T\Delta_{st}}{P} = 0 \qquad (3\text{-}10\text{-}5)$$

式（3-10-5）可看作关于 $\Delta_d$ 的一元二次方程，解得 $\Delta_d$ 为

$$\Delta_d = \Delta_{st} \left( 1 + \sqrt{1 + \frac{2T}{P\Delta_{st}}} \right) \qquad (3\text{-}10\text{-}6)$$

令

$$K_d = 1 + \sqrt{1 + \frac{2T}{P\Delta_{st}}} \qquad (3\text{-}10\text{-}7)$$

$K_d$ 称为冲击动荷因数，将重锤高度 $H$ 代入式（3-10-7），可得

$$K_d = 1 + \sqrt{1 + \frac{2T}{P\Delta_{st}}} = 1 + \sqrt{1 + \frac{2PH}{P\Delta_{st}}} = 1 + \sqrt{1 + \frac{2H}{\Delta_{st}}} \qquad (3\text{-}10\text{-}8)$$

将式（3-10-8）代入式（3-10-6）可得

$$\Delta_d = \Delta_{st}\left(1 + \sqrt{1 + \frac{2H}{\Delta_{st}}}\right) \qquad (3\text{-}10\text{-}9)$$

式（3-10-9）为动载荷作用下梁的挠度计算公式，$\Delta_d$ 为动载荷下的挠度，$\Delta_{st}$ 为静载荷下的挠度。

## 四、实验步骤与实验数据记录

（1）安装好动荷挠度实验台，记录实验台参数于表 3-10-2 中。

（2）调整重锤高度，使其自由下落，测量梁中点挠度，记录于表 3-10-3 中。

（3）重复 5 次，记录 5 组数据。

（4）关闭仪器，将所用的实验仪器放回原位。

表 3-10-2  动荷挠度实验台参数

| $L$/mm | $b$/mm | $h$/mm | $H$/mm | $M$/kg | $E$/GPa |
|--------|--------|--------|--------|--------|---------|
| 500 | 20 | 8 | 100 | 0.5 | 206 |

表 3-10-3  动荷挠度实验数据记录

| | 动载荷下的挠度/mm |
|---|---|
| 第一组 | |
| 第二组 | |
| 第三组 | |
| 第四组 | |
| 第五组 | |
| 平均值 | |
| 标准差 | |

## 五、仿真实验

（1）运行材料力学实验仿真软件，点击"动荷挠度"按钮，进入动荷挠度实验仿真界面。

（2）在软件界面输入实验台参数，包括矩形梁宽度、厚度、长度、矩形梁弹性模量、重锤质量与重锤高度，如图 3-10-2 所示。

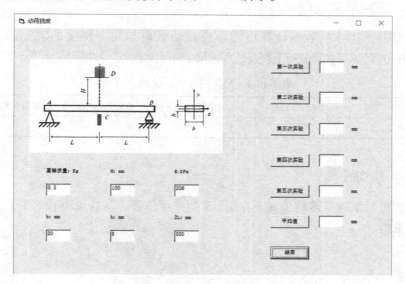

图 3-10-2　动荷挠度实验仿真软件界面

（3）点击"第一次实验"按钮，软件模拟出梁 $C$ 点在动载荷下的挠度，依次点击 5 次实验按钮，软件模拟出 5 次实验时，梁 $C$ 点在动载荷下的挠度，点击"平均值"按钮，软件计算出 5 次仿真实验的平均值，如图 3-10-3 所示。

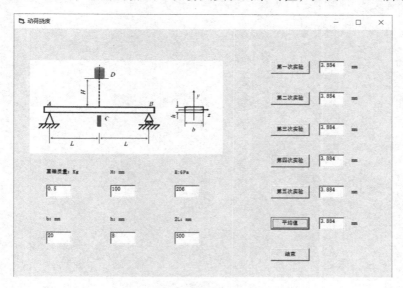

图 3-10-3　动荷挠度仿真实验结果

（4）点击"结束"按钮，退出仿真软件。

## 六、实验数据处理

根据表 3-10-3 的数据计算出梁中点在动载荷作用下挠度的实验值，根据式（3-10-9）计算梁在动载荷下挠度的理论值，并计算误差，数据记录于表 3-10-4 中。

**表 3-10-4　动荷挠度实验数据分析**

| | 实验值/mm | 理论值/mm | 绝对误差/mm | 相对误差（%） |
|---|---|---|---|---|
| 挠度 $\Delta_d$ | | | | |

## 七、思考题

若实验时重锤下落的位置不在梁 AB 的中点位置，则挠度有什么变化？试推导其理论解。

# 实验十一　应变片粘贴技术

粘贴应变片是电测技术的重要工作，是实验人员需要掌握的基本功，应变片粘贴是非常细致的工作，应变片粘贴的质量高低，决定了实验数据的误差大小，若应变片粘贴质量太差，可能会读不出正确数据甚至读不出数据，会直接导致实验失败，因此掌握应变片的粘贴技术至关重要，初学者应该多加练习，掌握好粘贴应变片的技术，扎实基本功，为成功进行电测实验打好基础。

## 一、实验目的

掌握应变片的粘贴技术。

## 二、实验仪器与耗材

实验用到的仪器与耗材如表 3-11-1 所示。

表 3-11-1　实验仪器与耗材

| 序　号 | 名　称 |
|---|---|
| 1 | 电阻应变片 |
| 2 | 低碳钢试件 |
| 3 | 导线、焊锡 |
| 4 | 恒温电烙铁 |
| 5 | 万用表 |
| 6 | 偏口钳、剥线钳、镊子 |
| 7 | 砂纸、脱脂棉 |
| 8 | 无水乙醇、丙酮 |
| 9 | 502 胶水或其他黏合剂 |

## 三、应变片粘贴示意图

本实验要求在低碳钢试件上粘贴两枚应变片：沿轴线方向粘贴一枚应变片，沿垂直轴线方向粘贴一枚应变片，如图 3-11-1 所示。图 3-11-1 为粘贴应变片后的粘贴示意图，A 为应变片，B 为在试件上划的定位线，C 是用于绝缘目的的透明胶带，D 为应变片导线连接端子，用于连接应变片引出线与导线，E 为固定导线的胶布，F 为导线。实验要求按照图 3-11-1 所示的方位、预期效果粘贴应变片。

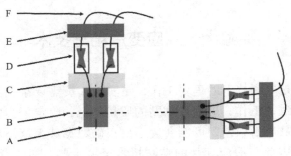

图 3-11-1　应变片粘贴示意图

## 四、实验步骤

### 1. 检查、筛选应变片

粘贴应变片前，首先检查应变片的外观，将敏感栅有形状缺陷，片内有气泡、霉变、锈点或敏感栅的方向与基底不平行等缺陷的应变片剔除，这样的应变片由于本身缺陷会导致很大的误差。

用万用表逐一测量筛选后的应变片，检查应变片是否有断路、短路情况，并按照电阻值选配，使得每组实验所用的应变片电阻值差异不超过 $0.5\Omega$，电阻差异过大时无法在一起使用。

### 2. 构件表面的处理

试件表面清洗：将试件表面清洗干净，除去表面的油漆、胶水、电镀层、氧化层、锈斑等，油污可用丙酮等有机清洗剂清洗。

打磨：用砂纸在需要粘贴应变片的位置打磨表面，打磨时首先选用粗砂纸打磨，然后用细砂纸打磨，打磨时与粘贴应变片的方向成±45°交叉打磨出纹路，这样可使得在粘贴时加强胶层附着力，提高黏结强度。

划线：用裁纸刀和钢直尺划线（对于本实验来说，表面是平面，用裁纸刀和钢直尺即可划线；对于其他形状试件，比如圆柱形试件，划线则需要专用刻线机；对于划线位置有精确要求的地方，比如本书的偏心压缩实验，要求应变片成45°间距，则需要其他精密仪器辅助定位才能划线），在预计需要粘贴应变片的地方划出细微的十字定位线，划线时尽可能轻，不要划太深的划痕，划线后表面不允许出现不平整现象，如果有，需要用砂纸再次打磨。

清洗：用脱脂棉蘸上丙酮或者无水乙醇等挥发性溶液清洗表面，应多次清洗，直到棉球上无污渍为止。

处理好表面的试件要妥善放置，不可用手触摸表面，也不可用口吹表面，这样容易使得表面生锈，如果手上有粉尘或者汗液，还会导致应变片粘贴不牢固。

### 3. 粘贴应变片

粘贴时首先检查应变片的引出线，应变片的引出线要朝上粘贴；如果朝下粘贴，对于绝缘体材料在不受潮的情况下可以短期内使用，但对于导电性材料，将直接导致应变片短路，无法继续使用。

粘贴时应掌握好时机，在粘贴位置涂薄薄的一层 502 胶水，不可太多也不可太少，涂抹完胶水后，手捏应变片引出线，将应变片对准十字线粘贴，在应变片上放一层塑料薄膜（或手指上缠上塑料薄膜），用手指滚压应变片，挤出多余的胶水和气泡，整个过程中不要移动应变片。

### 4. 绝缘

待 502 胶水稍干以后，用镊子轻轻将应变片引线拉离试件表面，防止引线粘固在试件上。在每个应变片引出线下面贴一片透明胶，作为绝缘胶带使用，防止引出线和试件短路。

### 5. 导线的固定与焊接

将导线准备好，用剥线钳将导线绝缘皮剥掉，留出 2mm 的铜导线，在应变片与导线之间粘贴接线端子，引出线与接线端子的一端焊接，接线端子另一端焊接导线。焊接时要将焊点焊透，不能有虚焊的现象（虚焊会使得导线接触电阻很大，并且在使用时会产生虚假信号）。

### 6. 防潮处理

如短期内在干燥环境中使用，可以不用防潮处理；需要长期使用的应变片，需要进行防潮处理。可以用 705 胶水涂抹在应变片表面进行防潮处理，做防潮处理时应将 705 胶水完全覆盖应变片才能达到防潮的效果。

### 7. 固化

采用 502 胶水粘贴的应变片在室温下放置即可固化，靠空气中的水分产生聚合反应即可充分固化，不需要加热加压固化，固化后具有较强的黏结强度。固化以后的应变片才能进行下一步的实验使用。

## 五、实验结果查验

（1）通路检查，用万用表检查应变片的电阻值，将万用表表笔接在两根导线上，这时电阻应该在 $120\Omega$ 左右。远远大于 $120\Omega$ 说明有断路的地方，介于 $0 \sim 120\Omega$ 说明应变片有部分短路的现象。

（2）绝缘检查，检查应变片引出线与金属试件之间的绝缘电阻，一般要求大于 $100M\Omega$。

（3）采用上述的检查步骤一般来说比较耗费时间，在实验教学中可以利用应变仪快速检查，将所粘贴的两个应变片按照半桥接法接入应变仪，将应变仪调零，如果应变仪读数能够稳定在零附近，变化很小，说明粘贴的应变片符合要求。

## 六、实验报告

（1）认真总结应变片的粘贴过程，特别是在粘贴过程中出现的错误需要总结分析，并加以改进，在以后的应用中避免同样的错误出现。

（2）将应变片粘贴的最终效果拍照，打印后粘贴在实验报告图 3-11-2 ~ 图 3-11-4 中。实验报告要求拍三张照片，两个应变片各拍一张照片，照片能看出应变片的粘贴效果，是否按预定方向粘贴，粘贴是否平整，是否有气泡，焊点是否均匀；另一张为试件整体照片。

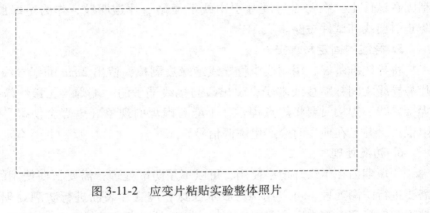

图 3-11-2　应变片粘贴实验整体照片

图 3-11-3　纵向应变片照片　　　　　图 3-11-4　横向应变片照片

# 第四篇　实　验　报　告

　　实验报告是实验工作的总结，通过对实验报告的书写，可以提高实验者分析问题、解决问题的能力，实验报告必须独立完成。实验报告要求原始数据记录完整、可靠，不得有虚假数据，根据实验数据对实验现象进行分析，并提出自己的观点。实验报告应包括以下内容：

　　（1）实验人员姓名、学号、班级，指导教师与实验日期。

　　（2）实验名称。

　　（3）实验目的、使用的仪器与耗材。

　　（4）实验原始数据记录。原始数据记录必须完整、真实，宜采用表格形式，填入相应的测量数据。

　　（5）实验数据分析。实验完成后，要根据记录的原始数据，应用理论公式计算出所需要的实验结果，实验结果的表示应根据具体情况决定采用何种形式表达出来，常用的形式有列表、绘图及经验公式。

# 材料力学实验报告

姓　　名：＿＿＿＿＿　学　　　号：＿＿＿＿＿　成　　绩：＿＿＿＿＿
班　　级：＿＿＿＿＿　指导教师：＿＿＿＿＿　实验日期：＿＿＿＿＿

## 实验一　电阻应变测量技术

### 一、实验目的

### 二、实验仪器

表 4-1-1　实验仪器

| 序　号 | 名　　称 |
|---|---|
| 1 | |
| 2 | |
| 3 | |
| 4 | |

# 三、实验数据

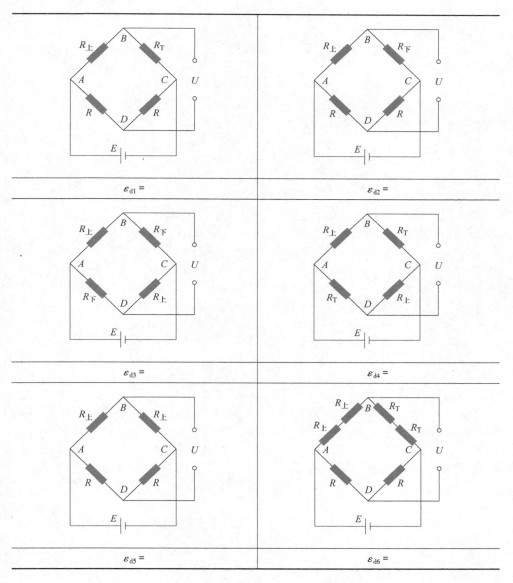

$\varepsilon_{d1} =$

$\varepsilon_{d2} =$

$\varepsilon_{d3} =$

$\varepsilon_{d4} =$

$\varepsilon_{d5} =$

$\varepsilon_{d6} =$

# 材料力学实验报告

姓　　名：＿＿＿＿＿　学　　号：＿＿＿＿＿　成　　绩：＿＿＿＿＿
班　　级：＿＿＿＿＿　指导教师：＿＿＿＿＿　实验日期：＿＿＿＿＿

## 实验二　轴向拉伸与压缩

### 一、实验目的

### 二、实验仪器与耗材

表 4-2-1　实验仪器与耗材

| 序　号 | 名　称 |
|:---:|---|
| 1 | |
| 2 | |
| 3 | |
| 4 | |
| 5 | |
| 6 | |
| 7 | |

## 三、实验数据

### 表 4-2-2  低碳钢拉伸实验数据

| 原始长度 $L_0/\mathrm{mm}$ | | 原始直径 $d_0/\mathrm{mm}$ | |
|---|---|---|---|
| 屈服载荷 $F_s/\mathrm{kN}$ | | 屈服强度 $\sigma_s/\mathrm{MPa}$ | |
| 断裂载荷 $F_b/\mathrm{kN}$ | | 抗拉强度 $\sigma_b/\mathrm{MPa}$ | |
| 断后长度 $L/\mathrm{mm}$ | | 断后直径 $d/\mathrm{mm}$ | |
| 伸长率 $\delta$（%） | | 断面收缩率 $\psi$（%） | |

### 表 4-2-3  铸铁拉伸实验数据

| 试件直径 $d/\mathrm{mm}$ | 最大载荷 $F/\mathrm{kN}$ | 抗拉强度 $\sigma_b/\mathrm{MPa}$ |
|---|---|---|
| | | |

### 表 4-2-4  低碳钢压缩实验数据

| 试件直径 $d/\mathrm{mm}$ | 屈服载荷 $F/\mathrm{kN}$ | 屈服强度 $\sigma_s/\mathrm{MPa}$ |
|---|---|---|
| | | |

### 表 4-2-5  铸铁压缩实验数据

| 试件直径 $d/\mathrm{mm}$ | 最大载荷 $F/\mathrm{kN}$ | 抗压强度 $\sigma_c/\mathrm{MPa}$ |
|---|---|---|
| | | |

# 材料力学实验报告

姓　　名：＿＿＿＿＿　学　　号：＿＿＿＿＿　成　　绩：＿＿＿＿＿

班　　级：＿＿＿＿＿　指导教师：＿＿＿＿＿　实验日期：＿＿＿＿＿

## 实验三　验证弯曲正应力公式

### 一、实验目的

### 二、实验仪器

表 4-3-1　实验仪器

| 序　号 | 名　　称 |
|---|---|
| 1 | |
| 2 | |
| 3 | |
| 4 | |

### 三、实验数据

表 4-3-2　实验台参数

| $L_1/\text{mm}$ | $L_2/\text{mm}$ | $b/\text{mm}$ | $h/\text{mm}$ | $E/\text{GPa}$ | $\overline{MK}/\text{mm}$ | $\overline{HK}/\text{mm}$ |
|---|---|---|---|---|---|---|
| | | | | | | |

**表 4-3-3 实验测量的应变值** （单位：$\mu\varepsilon$）

| | $\varepsilon_1$ | $\varepsilon_{2A}$ | $\varepsilon_{2B}$ | $\varepsilon_{3A}$ | $\varepsilon_{3B}$ | $\varepsilon_{4A}$ | $\varepsilon_{4B}$ | $\varepsilon_5$ |
|---|---|---|---|---|---|---|---|---|
| 第一组 | | | | | | | | |
| 第二组 | | | | | | | | |
| 第三组 | | | | | | | | |
| 第四组 | | | | | | | | |
| 第五组 | | | | | | | | |
| 平均值 | | | | | | | | |
| 标准差 | | | | | | | | |

## 四、实验数据处理

**表 4-3-4 实验数据处理**

| 截面位置 | 1 | 2 | 3 | 4 | 5 |
|---|---|---|---|---|---|
| 应变/$\mu\varepsilon$ | | | | | |
| 实测应力/MPa | | | | | |
| 理论应力/MPa | | | | | |
| 应力绝对误差/MPa | | | | | |
| 应力相对误差（%） | | | | | |

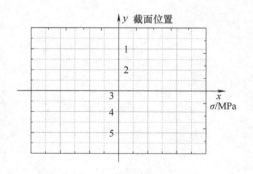

图 4-3-1 理论应力图

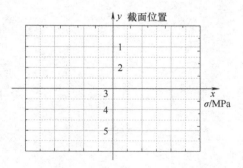

图 4-3-2 实验应力图

# 材料力学实验报告

姓　　名：＿＿＿＿　学　　号：＿＿＿＿　成　　绩：＿＿＿＿

班　　级：＿＿＿＿　指导教师：＿＿＿＿　实验日期：＿＿＿＿

## 实验四　弯曲变形

### 一、实验目的

### 二、实验仪器

**表 4-4-1　实验仪器**

| 序　号 | 名　　称 |
|:---:|---|
| 1 | |
| 2 | |
| 3 | |

### 三、实验数据

**表 4-4-2　实验台参数**

| $L_1/mm$ | $L_2/mm$ | $b/mm$ | $h/mm$ | $E/GPa$ |
|---|---|---|---|---|
| | | | | |

表 4-4-3　挠度实验数据

|  | *A* 点挠度/mm | *C* 点挠度/mm |
|---|---|---|
| 第一组 |  |  |
| 第二组 |  |  |
| 第三组 |  |  |
| 第四组 |  |  |
| 第五组 |  |  |
| 平均值 |  |  |
| 标准差 |  |  |

## 四、实验数据处理

表 4-4-4　挠度与转角实验数据处理

|  | *A* 点挠度/mm | *C* 点挠度/mm | *B* 点转角/rad | *B* 点转角（°） |
|---|---|---|---|---|
| 实验值 |  |  |  |  |
| 理论值 |  |  |  |  |
| 绝对误差 |  |  |  |  |
| 相对误差（%） |  |  |  |  |

# 材料力学实验报告

姓　　名：＿＿＿＿＿　学　　号：＿＿＿＿＿　成　　绩：＿＿＿＿＿

班　　级：＿＿＿＿＿　指导教师：＿＿＿＿＿　实验日期：＿＿＿＿＿

## 实验五　偏心压缩

## 一、实验目的

## 二、实验仪器

表 4-5-1　实验仪器

| 序　号 | 名　称 |
|---|---|
| 1 | |
| 2 | |
| 3 | |
| 4 | |

## 三、实验数据

直径：$D = $＿＿＿＿＿mm　　纵向压力：$F = $＿＿＿＿＿kN

表 4-5-2　实验数据记录（单位：$\mu\varepsilon$）

| | 1 | 2 | 3 | 4 | 5 | 6 | 7 | 8 | A | B | C | D |
|---|---|---|---|---|---|---|---|---|---|---|---|---|
| 第一组 | | | | | | | | | | | | |
| 第二组 | | | | | | | | | | | | |
| 第三组 | | | | | | | | | | | | |
| 第四组 | | | | | | | | | | | | |
| 第五组 | | | | | | | | | | | | |
| 平均值 | | | | | | | | | | | | |
| 标准差 | | | | | | | | | | | | |

## 四、实验数据处理

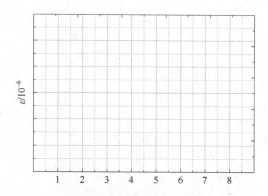

图 4-5-1　圆柱侧表面纵向应变分布规律

$\varepsilon = ($ 　　　　　　　　$) + ($ 　　　　　　　　$)x + ($ 　　　　　　　　$)y$

$E = $ ＿＿＿＿＿＿　$\mu = $ ＿＿＿＿＿＿

压力作用点坐标：（ 　　　　　　　　,　　　　　　　　 ）

横截面上的弯矩：$M_x = $ ＿＿＿＿＿＿　$M_y = $ ＿＿＿＿＿＿

# 材料力学实验报告

姓　　名：_____　学　　号：_____　成　　绩：_____
班　　级：_____　指导教师：_____　实验日期：_____

## 实验六　平面应力状态测量

### 一、实验目的

### 二、实验仪器

表 4-6-1　实验仪器

| 序　号 | 名　　称 |
|---|---|
| 1 | |
| 2 | |

### 三、实验数据

表 4-6-2　弯扭组合实验台参数

| $L_1$/mm | $L_2$/mm | $D$/mm | $d$/mm | $E$/GPa | $\mu$ |
|---|---|---|---|---|---|
| | | | | | |

表 4-6-3　平面应力状态实验数据记录　　　　（单位：$\mu\varepsilon$）

| | $\varepsilon_{-45°}$ | $\varepsilon_{0°}$ | $\varepsilon_{45°}$ |
|---|---|---|---|
| 第一组 | | | |
| 第二组 | | | |
| 第三组 | | | |
| 第四组 | | | |
| 第五组 | | | |
| 平均值 | | | |
| 标准差 | | | |

## 四、实验数据处理

表 4-6-4　平面应力状态实验结果

| | $\sigma_{max}$/MPa | $\sigma_{min}$/MPa | $\alpha_0$/(°) |
|---|---|---|---|
| 实验值 | | | |
| 理论值 | | | |
| 绝对误差 | | | |
| 相对误差（%） | | | |

# 材料力学实验报告

姓　　名：_____　学　　号：_____　成　　绩：_____
班　　级：_____　指导教师：_____　实验日期：_____

## 实验七　扭　　转

### 一、实验目的

### 二、实验仪器

表 4-7-1　实验仪器

| 序　号 | 名　　称 |
|---|---|
| 1 | |
| 2 | |
| 3 | |

### 三、实验数据

表 4-7-2　扭转实验台参数

| $L/\text{mm}$ | $D/\text{mm}$ | $d/\text{mm}$ |
|---|---|---|
| | | |

**表 4-7-3　扭转实验数据**　　　　　　（单位：$\mu\varepsilon$）

|  | $\varepsilon_{0°}$ | $\varepsilon_{90°}$ | $\varepsilon_{-45°}$ | $\varepsilon_{45°}$ |
|---|---|---|---|---|
| 第一组 | | | | |
| 第二组 | | | | |
| 第三组 | | | | |
| 第四组 | | | | |
| 第五组 | | | | |
| 平均值 | | | | |
| 标准差 | | | | |

## 四、实验数据处理

**表 4-7-4　扭转实验结果**

|  | $\varepsilon_{0°}$ | $\varepsilon_{90°}$ |
|---|---|---|
| 实验应变/$\mu\varepsilon$ | | |
| 理论应变/$\mu\varepsilon$ | | |
| 绝对误差/$\mu\varepsilon$ | | |

$\gamma = $ _____

$G = $ _____

# 材料力学实验报告

姓　　名：＿＿＿＿＿　学　　号：＿＿＿＿＿　成　　绩：＿＿＿＿＿

班　　级：＿＿＿＿＿　指导教师：＿＿＿＿＿　实验日期：＿＿＿＿＿

## 实验八　压杆稳定

### 一、实验目的

### 二、实验仪器

表 4-8-1　实验仪器

| 序　号 | 名　称 |
|---|---|
| 1 | |
| 2 | |
| 3 | |

### 三、实验数据

表 4-8-2　压杆稳定实验台参数

| $L/\text{mm}$ | $a/\text{mm}$ | $b/\text{mm}$ | $\overline{DC}/\text{mm}$ | $\overline{DH}/\text{mm}$ | $E/\text{GPa}$ |
|---|---|---|---|---|---|
| | | | | | |

表 4-8-3　压杆稳定实验数据记录

| | $H$ 点载荷/N | $C$ 点载荷/N | 传感器读数/mm | 中点挠度/mm |
|---|---|---|---|---|
| 0 | 0 | 0 | | 0 |
| 1 | | | | |
| 2 | | | | |
| 3 | | | | |
| 4 | | | | |
| 5 | | | | |
| 6 | | | | |
| 7 | | | | |
| 8 | | | | |
| 9 | | | | |
| 10 | | | | |

## 四、实验数据处理

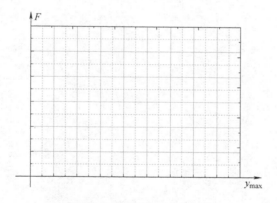

图 4-8-1　压杆的 $F\text{-}y_{max}$ 曲线

表 4-8-4　压杆的临界力

| | 实验值/N | 理论值/N | 绝对误差/N | 相对误差（%） |
|---|---|---|---|---|
| 压杆临界力 | | | | |

# 材料力学实验报告

姓　　名：＿＿＿＿＿　学　　号：＿＿＿＿＿　成　　绩：＿＿＿＿＿

班　　级：＿＿＿＿＿　指导教师：＿＿＿＿＿　实验日期：＿＿＿＿＿

## 实验九　静不定梁

### 一、实验目的

### 二、实验仪器

表 4-9-1　实验仪器

| 序　号 | 名　　称 |
|---|---|
| 1 | |
| 2 | |
| 3 | |

### 三、实验数据

表 4-9-2　静不定梁实验台参数

| $L_1/\text{mm}$ | $L_2/\text{mm}$ | $b/\text{mm}$ | $h/\text{mm}$ | $E/\text{GPa}$ |
|---|---|---|---|---|
| | | | | |

表 4-9-3 静不定梁实验数据

| | |
|---|---|
| $A$ 点载荷/N | |
| $H$ 点载荷/N | |
| $J$ 点载荷/N | |
| 力臂 $CD$/mm | |
| 力臂 $DH$/mm | |
| 力臂 $DJ$/mm | |

# 四、实验数据处理

表 4-9-4 $B$ 点约束力及误差

| | 实验值/N | 理论值/N | 绝对误差/N | 相对误差（%） |
|---|---|---|---|---|
| $B$ 点约束力 | | | | |

# 材料力学实验报告

姓　　名：＿＿＿＿　学　　号：＿＿＿＿　成　　绩：＿＿＿＿

班　　级：＿＿＿＿　指导教师：＿＿＿＿　实验日期：＿＿＿＿

## 实验十　动荷挠度

### 一、实验目的

### 二、实验仪器

表 4-10-1　实验仪器

| 序　号 | 名　称 |
|--------|--------|
| 1 | |
| 2 | |

### 三、实验数据

表 4-10-2　动荷挠度实验台参数

| $L/\text{mm}$ | $b/\text{mm}$ | $h/\text{mm}$ | $H/\text{mm}$ | $M/\text{kg}$ | $E/\text{GPa}$ |
|---------------|---------------|---------------|---------------|---------------|----------------|
| | | | | | |

**表 4-10-3　动荷挠度实验数据记录**

|  | 动载荷下的挠度/mm |
|---|---|
| 第一组 |  |
| 第二组 |  |
| 第三组 |  |
| 第四组 |  |
| 第五组 |  |
| 平均值 |  |
| 标准差 |  |

## 四、实验数据处理

**表 4-10-4　动荷挠度实验数据处理**

|  | 实验值/mm | 理论值/mm | 绝对误差/mm | 相对误差（%） |
|---|---|---|---|---|
| 挠度 $\Delta_d$ |  |  |  |  |

# 材料力学实验报告

姓　　名：_____　学　　号：_____　成　　绩：_____
班　　级：_____　指导教师：_____　实验日期：_____

## 实验十一　应变片粘贴技术

## 一、实验目的

## 二、实验仪器与耗材

表 4-11-1　实验仪器与耗材

| 序　号 | 名　称 |
|---|---|
| 1 | |
| 2 | |
| 3 | |
| 4 | |
| 5 | |
| 6 | |
| 7 | |
| 8 | |
| 9 | |

## 三、粘贴完成后的应变片照片

图 4-11-1　应变片粘贴实验整体照片

图 4-11-2　纵向应变片照片　　　　　　图 4-11-3　横向应变片照片

# 参 考 文 献

［1］卢智先，张霜银．材料力学实验［M］．2 版．北京：机械工业出版社，2021.

［2］李晨，范钦珊．材料力学［M］．2 版．北京：机械工业出版社，2022.

［3］张天军，韩江水，屈钧利．实验力学［M］．西安：西北工业大学出版社，2008.

［4］刘鸿文．材料力学Ⅰ［M］．6 版．北京：高等教育出版社，2017.

［5］刘鸿文．材料力学Ⅱ［M］．6 版．北京：高等教育出版社，2017.

［6］于润伟，朱晓慧．MATLAB 基础及应用［M］．5 版．北京：机械工业出版社，2022.